DENISE SEIDL

SPIEL & SPASS
FÜR KATZEN

DIE SCHÖNSTEN SPIELIDEEN FÜR STUBENTIGER

KOSMOS

INHALT

Faszination SPIEL

SPIELEN IST NICHT NUR ZEITVERTREIB UND VERGNÜGEN,
SONDERN AUCH KOMMUNIKATION UND SOZIALKONTAKT.
ES STEIGERT DIE KÖRPERLICHE FITNESS, BRINGT SEELISCHE
AUSGEGLICHENHEIT UND MOTIVIERT ZUM LERNEN. DAS
SPIEL ERÖFFNET MENSCH UND TIER EINE FÜLLE VON MÖG-
LICHKEITEN, DIE NICHT UNGENUTZT BLEIBEN SOLLTEN.

SPIELEN –
eine ernste Angelegenheit

In der Wissenschaft wird Spielen als Verhalten ohne ernsthaften Realitätsbezug bezeichnet. Dennoch hat das Spiel eine große Bedeutung für heranwachsende, aber auch erwachsene Tiere. Es dient dem Sammeln von Erfahrungswerten, setzt Lernvermögen voraus und ist in der Regel auf Jungtiere höher entwickelter Säugetiere sowie Vögel begrenzt. Aber nicht nur Delfine, Wale, Primaten und Nager haben ein Leben lang Interesse am Spiel, sondern auch Raubtiere wie unsere Katzen. Neugierig und offen stehen unsere vierbeinigen Gefährtinnen der Umwelt und ihren Anforderungen gegenüber – nicht nur in ihrer Welpenzeit, sie lassen sich auch im Erwachsenen- oder Seniorenalter zu Spielereien animieren. Gespielt wird mit Hingabe: allein oder gemeinsam mit Artgenossen. Der bevorzugte Spielpartner ist jedoch meistens die Bezugsperson.

FORSCHERDRANG Was gibt es Schöneres als spielerisch mit den Geschwistern die Umwelt zu erkunden?

ERSCHÖPFT Spielen macht müde und die Kätzchen müssen ab und zu Pause machen.

GEHEIME MISSION Auch Verstecken, Erkunden und Beobachten will gelernt sein.

FIT FÜRS LEBEN

Sie balgen sich, stürmen durch das Haus und verfolgen einander über Sessel und Betten, schlagen Haken wie Hasen, bäumen sich auf, um sich auf den Spielpartner zu stürzen. So sieht ein Spiel von Kätzchen aus: übertrieben und packend. Spielverhalten wird oft sehr überzogen gezeigt – im Gegensatz zum Verhalten im Ernstfall –, die Bewegungsabläufe werden mit größerem Kraftaufwand, größerer Geschwindigkeit und in häufigeren Wiederholungen ausgeführt. Die Bereitschaft zum Spiel wird durch mimische und gestische Signale ausgedrückt, damit ein spielerischer Angriff nicht als aggressive Attacke missverstanden wird und keine ernsthafte Konfrontation nach sich zieht.

Kennzeichnend für spielerische Aktivitäten ist, dass sie in entspannter Atmosphäre und spontan auftreten. Nur in ihrer vertrauten Umgebung und wenn sich die Katze wohlfühlt, macht ihr das Spielen Spaß. Tiere, die unter Stress stehen, Angst haben oder krank sind, spielen weniger beziehungsweise hören damit auf.

RAUFEN UND TOBEN

Kleine Katzengeschwister raufen und toben unermüdlich. Vor allem Handlungsabläufe aus verschiedenen Verhaltensbereichen, wie zum Beispiel aus dem Bereich des Beutefangs, werden geübt, dabei wird auch das Wahrnehmungsvermögen geschult und die Reaktionsfähigkeit verbessert. Bei spielerischen Aktivitäten werden nützliche Erfahrungswerte gesammelt, neue Lösungen getestet und somit die Leistungsfähigkeit des Gehirns beansprucht. Während der Spielphasen vernetzen sich die Gehirnzellen schneller miteinander und die Lernbereitschaft des Tiers ist währenddessen am größten. Spielerisch werden Lerninhalte vermittelt, die der Katze auch im Zusammenleben mit dem Menschen von Nutzen sind. Das Spiel ist jedoch nicht nur für die Entwicklung von Kätzchen in der Wachstumsphase bedeutend, sondern spielt in jedem Lebensalter eine große Rolle. Nervenzellen von Tieren, die stetig lernen und in einer spannend gestalteten Umwelt leben, sind länger und verzweigter als im Normalfall. Diese Tiere gelten daher als aufgeweckter, neugieriger und geistig reger.

STRENGER UNTERRRICHT Die Katzenmutter ist eine gute Lehrerin. Jagdunterricht, gutes Benehmen und Sauberkeit sind Pflichtfächer für kleine Kätzchen. Mama Katze überwacht die Lernschritte liebevoll.

FRÜH ÜBT SICH…

Die ersten sozialen Spiele mit den Wurf-geschwistern beginnen ab der vierten Lebenswoche und nehmen nach der zwölften bis vierzehnten Woche wieder ab. Bei den ersten Balgereien mit den Geschwistern werden auch die Zähnchen eingesetzt und getestet. Beliebtes Spiel-objekt ist auch Mama Katze, die es meist geduldig erträgt, wenn ihr Nachwuchs sie mit einem Kletterbaum verwechselt oder ihr in den Schwanz beißt. Mit ungefähr sechs Wochen ist die Bewe-gungskoordination so ausgeprägt, dass die kleinen Racker sich wilde Verfol-gungsjagden liefern, abwechselnd Angriff und Verteidigung üben und Luftsprünge ausprobieren. Das soziale Spiel verleiht Selbstbewusstsein und lässt die Kleinen schon mal Grenzen überschreiten. Schnell gibt es jedoch Kontra von den Mitspielern oder von der Mutterkatze, wenn die Zähne zu stark eingesetzt und die samtpfotigen Umgangsformen miss-achtet werden.

Etwa ab der siebten und achten Woche beginnt das Spiel mit Gegenständen. Das ist der Zeitraum, wo Katzen die Bewegungsabläufe visuell koordinieren

SCHLUSS MIT LUSTIG Auch im Spiel werden schon mal fauchend die Zähne gezeigt, wenn der Spielpartner die Grenzen missachtet. Nur so lernen die Kätzchen, wie weit sie gehen dürfen und wann Schluss ist.

und kleine bewegliche Objekte erhaschen können. Gespielt wird mit allem, was den Kätzchen in die Pfoten fällt und ihr Interesse weckt: Bewegt es sich, raschelt oder quietscht es? Oder duftet es besonders verführerisch?

SOZIALE KOMPETENZ

Spielen ist nicht nur für die soziale Entwicklung bedeutend, unsere Haustiere lernen auch Beziehungen aufzubauen und zu festigen. Spielerisch werden Erfahrungen im Umgang mit Artgenossen gesammelt und die Kontrolle der eigenen Aggression erlernt. Schnell wird begriffen, wie stark man zubeißen darf, ab wann der Spielpartner sich abwendet, mit einem Pfotenhieb oder gar einem Gegenbiss reagiert. Als Spielpartner sind auch wir Menschen gefordert! Intensive Beschäftigung im Spiel und somit positive Erfahrungen mit dem Menschen machen die Katze zu einer aufgeschlossenen und zufriedenen Kameradin. Für den Zweibeiner ist das Spiel eine gute Möglichkeit, das Vertrauen seines Vierbeiners zu gewinnen und mit Zuneigung in der Mensch-Tier-Beziehung zu punkten. Katzenhalter, die täglich spielen, haben auch weniger Verhaltensprobleme zu beklagen.

SPIELEN ALS STRATEGIE

Erwachsene Tiere setzen das Spiel als Strategie ein, um Konflikte auszutragen, und bauen dadurch aufgestauten Stress ab. Die Rollen von Angreifer und Verfolgtem wechseln sich ab, keiner wird zum Sieger oder Verlierer. Das Spiel dient auch als Trick, um von ernsthaften Absichten abzulenken. In spielerischen Handlungen zwischen Mensch und Tier wird das Spiel auch zum Grenzentesten genutzt. Der Vierbeiner testet, inwieweit er die Regeln verändern beziehungsweise brechen kann, um diese neue Erkenntnis auch im Alltag mit dem Menschen anzuwenden. Bereits Albert Einstein sagte: „Das Spiel ist die höchste Form der Forschung."

IN SPIELLAUNE Mit einem gezielten Griff versucht Willow die Maus zu fassen.

ZEIG MAL DEINS! Das Spielobjekt des Katzenkumpels ist meistens interessanter als das eigene.

HOL DIE MAUS Die Jagd auf die Spielbeute verlangt vollen Einsatz und gezielte Hiebe.

COACHING FÜR STUBENTIGER

Verstecken, Anschleichen, Springen und die Beute stellen – das sind die Lieblingsaktivitäten eines geborenen Jägers und somit die Ansprüche, die Katzen an Spiele stellen. Tiere in freier Wildbahn sind durch die Umwelt täglich mit neuen Herausforderungen konfrontiert. Sie müssen sich auf ständig wechselnde Situationen einstellen und erarbeitete Erfahrungswerte sofort abrufbereit haben. Da dieses Gehirntraining den im Haus lebenden Katzen verwehrt bleibt, erlangt das tägliche Spiel des Menschen mit seiner Katze eine große Bedeutung. Das perfekte Katzenspielzeug sollte die Sinne ansprechen, die bei der Jagd eingesetzt werden, wie den Seh-, Hör- und Tastsinn. Katzen favorisieren bewegte Spielobjekte oder solche, die von Frauchen oder Herrchen zum Leben erweckt werden.

Info

WELCHEN ZWECK SPIELEN ERFÜLLT

- Es trainiert die körperlichen Fertigkeiten,

- schult das Wahrnehmungs- und Reaktionsvermögen,

- erhöht das Verhaltensrepertoire,

- trägt zur Aggressionsminderung und zur Kontrolle der eigenen Aggression bei (Kontrolle der Beißintensität und Erlernen der Beißhemmung),

- unterstützt die Bildung sowie Aufrechterhaltung sozialer Organisationen und Bindungen (Sozialisationsprozess),

- ermöglicht eine stabile soziale Rangordnung und die Entwicklung sozialer Rollen,

- kann bei erwachsenen Tieren als Strategie zum Austragen von Konflikten eingesetzt werden,

- fördert die Kenntnis der Umwelt,

- vertreibt Langeweile und bedeutet Lustgewinn,

- baut angestaute Energie ab,

- dient zum Ausloten von Grenzen,

- intensiviert nicht nur Bindungen zwischen Artgenossen, sondern auch die Mensch-Tier-Beziehung.

SPIELEN IST JAGEN

Nicht nur Freilaufkatzen lieben die Jagd, auch unsere Wohnungskatzen verwandeln sich vom verschmusten Stubentiger sekundenschnell in ein Raubtier, wenn sie die erste Pfote in Freiheit setzen. Katzen sind Schleichjäger, die sich ihrer Beute möglichst in Deckung nähern, um sie dann auf kurze Entfernung anzugreifen. Akustische Signale wie kratzende, raschelnde oder quietschende Töne animieren meistens zur Beutesuche. Das Beutefangverhalten selbst wird durch schnell bewegte Objekte ausgelöst. Bis zu sechs Stunden täglich verbringen Freilaufkatzen mit der Jagd, während Wohnungskatzen weniger als eine Stunde pro Tag spielen. Unsere Stubentiger sind gezwungen, ihren Jagdtrieb in der Wohnung auszuleben. Dementsprechend ist Spieltraining als Jagdersatz die beste Möglichkeit, körperliche und geistige Fitness zu erhalten und überschüssige Energie abzubauen. Daher kommt auch dem Spiel zwischen Mensch und Tier eine bedeutende Rolle zu.

FLIEGENDER WECHSEL

Bereits mit fünf Wochen trainieren die Kätzchen spielerisch Bewegungen, die sie später zu ausgezeichneten Jägern machen werden. Viele Beutefanghandlungen sind auch in den spielerischen Aktivitäten unserer Wohnungskatze zu erkennen. Mäusesprung, Fischangeln und Vogelhaschen sind im täglichen Katzenspiel um Fellmäuschen, Bälle und Co. zu beobachten.

MÄUSESPRUNG

Mit den Hinterbeinen steht die Katze fest auf dem Boden, der Vorderkörper richtet sich auf, dreht sich leicht beiseite und mit gestreckten Vorderpfoten wird auf die Beute gesprungen. Auffallend dabei ist, dass die Katze nicht in die Höhe springt, sondern von oben herab.

Info

JAGD AUCH OHNE HUNGER

Jagen ist eine Verhaltensweise, die unabhängig vom Hungergefühl gezeigt wird. Es gibt keine Beweise dafür, dass eine hungrige Katze mehr Mäuse fängt als ein sattes Tier. Auch Katzen, die optimal von ihrem Halter ernährt werden, werden durch visuelle und akustische Reize zur Jagd motiviert. Da jedoch Auflauern, Anpirschen und Beuteschlagen viel Energie fordert, ist anzunehmen, dass vom Hunger geschwächte Tiere bei der Jagd schlechtere Karten haben als Jäger in Höchstform.

AUF DER LAUER Paola beobachtet gespannt, wie Frauchen die Spielmaus gekonnt an der Angel zappeln lässt. Gleich wird zum Angriff geblasen: Sie ist konzentriert und setzt schon zum Sprung an.

FISCHANGELN

Um einen Fisch an Land zu ziehen, ist nicht nur Geduld und Ausdauer notwendig, sondern auch einiges an Geschick und Kraft. Erstmal muss die erfahrene Jägerin geduldig am Ufer lauern, bis ein Fisch an der Wasseroberfläche erscheint. Mit ausgefahrenen Krallen und einem gezielten Schlag wird die Beute an Land geworfen, fast wie Bären dies beim jährlichen Lachsfang tun. Nun gilt es, den Fisch in Sicherheit zu bringen.

VOGELHASCHEN

Wenn Sie beim Spiel mit Ihrem Stubentiger öfter eine Spielangel einsetzen, kennen Sie diese Bewegungen sicher. Die Katze versucht zunächst sitzend mit der Vorderpfote und ausgefahrenen Krallen nach der Beute zu fassen, die über ihr an der Angel schaukelt. Kann sie das Objekt der Begierde nicht greifen, richtet sie sich auf und versucht, es mit beiden Pfoten zu fangen, danach folgt der Sprung aus dem Stand in die Höhe.

SPIELREGELN VON A – Z

ABLAUF

Bestimmen Sie Anfang und Ende des Spiels. Somit werden die Spielzeiten mit Ihnen zu einem besonderen Highlight im Tagesprogramm Ihres Stubentigers. Nach dem gemeinschaftlichen Spiel zwischen Mensch und Tier räumen Sie die Spielsachen bis zum nächsten Spielevent weg. Denn Spielobjekte, die ständig zur Verfügung stehen, verlieren ihren Reiz für die Katze.

LOS, SPIEL MIT MIR! Endlich ist es soweit! Mein Mensch macht sich bereit, um mit mir zu spielen.

AUSWAHL

Stimmen Sie spielerische Aktivitäten auf die Bedürfnisse und Vorlieben Ihrer Katze ab. Eine Freilaufkatze, die ihren Bewegungsdrang in freier Natur ausleben und ihrem Jagdtrieb ungehindert nachgehen kann, hat an wilden Bewegungsspielen weniger Freude. Junge Kätzchen spielen anders als ältere Tiere, die bereits gesundheitliche Probleme zeigen. Katzen, die ohne Artgenossen leben, zeigen eine verstärkte Spielanforderung an den Menschen.

BEREITSCHAFT

Beenden Sie das Spiel rechtzeitig, bevor Ihre Samtpfote den Spaß daran verliert. Katzen zeigen deutlich, ob sie Interesse an einem Spiel haben oder nicht.

BEUTE

Orientieren Sie sich bei der Auswahl der Spielobjekte an der Größe natürlicher Beutetiere. Das Beutespektrum der Katze umfasst Nagetiere wie Wühl- oder Feldmäuse, kleine Reptilien und kleine Vögel sowie Insekten. Spielsachen, die wesentlich größer sind als mögliche Beutetiere, werden oft ignoriert.

DAUER

Spielen Sie täglich mit Ihrer Katze! Der empfohlene Zeitaufwand für das Spiel mit Ihrer Wohnungskatze beträgt etwa eine Stunde. Diese Zeitspanne sollte, je nach Aktivitätsrhythmus des Tieres, in drei bis fünf Zeiteinheiten aufgeteilt werden. Lässt die Spiellaune zu wünschen übrig, können Sie das Spiel verkürzen, steigt die Motivation, kann auch etwas länger gespielt werden.

EFFEKT

Spielen hilft, angestaute Energie und Stress abzubauen. Ihre Katze findet dadurch ihre Ausgeglichenheit. Das tägliche Spiel mit Ihrem Stubentiger fördert zudem Ihre Mensch-Tier-Beziehung.

ERFOLG

Spielen soll Freude machen und Lustgewinn bringen. Beenden Sie daher jede spielerische Tätigkeit mit einem Erfolgserlebnis für Ihr Tier: also Mäuschen oder Ball erwischen lassen.

GRENZEN

Beachten Sie bitte körperliche und geistige Grenzen sowie Unterschiede zwischen den Individuen, wie Alter, Rassemerkmale, Wesen, individuelle Reife, Gesundheitszustand und Erfahrungswerte. Junge Tiere können sich, trotz allen Spieleifers, nicht so lange konzentrieren. Auch bei erwachsenen Tieren muss auf die körperliche Konstitution und Konzentrationsfähigkeit geachtet werden. Ruhepausen schützen den tierischen Spielpartner vor körperlicher und seelischer Überforderung.

AUSSER RAND UND BAND Die Noppen des Igelballs machen den Lauf des Spielobjekts unberechenbar und wecken dadurch das Jagdinteresse. Mal springt er hierhin, dann hüpft er in die Gegenrichtung.

HUNDEMÜDE Eigentlich müsste es „katzenmüde" heißen. Nach dem Spielen ist eine Erholungspause angesagt. Wohnungskatzen verbringen bis zu achtzehn Stunden pro Tag mit Dösen und Schlafen.

MOTIVATION

Spielsachen sind Motivationsobjekte. Die Auswahl der Spielobjekte beeinflusst den Verlauf und auch den Erfolg des Spiels. Bekräftigen Sie bei Lern- und Intelligenzspielen den gezeigten Übungserfolg Ihrer Katze mit Lob, Streicheleinheiten oder einem Leckerbissen. Bei Misserfolg zu schimpfen ist jedoch tabu!

PARTNER

Finden Sie Muße für das Spiel mit Ihrer Katze. Mit Artgenossen lässt es sich wild herumtoben, wenn jedoch Frauchen oder Herrchen mitspielen, ist es am schönsten.

PAUSEN

Respektieren Sie Ruhe- und Pflegezeiten Ihres Tiers. Wenn die Katze schläft, darf sie nicht für ein Spiel geweckt werden. Auch nach den Fütterungszeiten sind Herumtoben und Springen tabu, denn die Verdauung benötigt Ihre Zeit.

RITUAL

Tägliche Fixpunkte, wie die Spiel- und Schmusestunde, geben Sicherheit und verstärken die Bindung zwischen Mensch und Tier.

SPIELSACHEN

Katzenspielzeug ist kein Luxus und so selbstverständlich wie Futter- und Wassernapf, Kratzbaum oder Katzentoiletten. Ideale Spielobjekte sprechen alle Sinne an: Augen, Nase, Ohren und Pfoten sowie Krallen wollen eingesetzt werden! Bei Spielsachen auf die Eignung und Ungefährlichkeit für Katzen achten.

SPIELTYPEN

Jeder Katzenhalter weiß, dass seine Katze eine Persönlichkeit mit einzigartigem Charakter ist und individuelle Stärken und Schwächen hat. Jedes Tier hat seine eigenen Vorlieben betreffend Spiel und Spaß (siehe dazu auch Spieltypen-Test Seite 18).

TABU

Bieten Sie niemals Ihre Hände oder Finger als Jagdbeute an und spielen Sie keine wilden Kampf- oder Jagdspiele, bei denen Mensch und Tier verletzt werden könnten.

TEMPO

Legen Sie Ruhepausen ein, denn junge oder ältere Tiere können sich nicht so lang auf Übungen konzentrieren. Zu heftige Spielweisen oder ungestüme Mitspieler verursachen Stress und belasten vor allem Kätzchen sowie ängstliche Tiere. Lassen Sie Spiele ruhig ausklingen, damit Ihr Stubentiger seine Energie wieder in gemäßigte Bahnen lenken kann.

UMWELT

Art des Spiels und Spieldauer müssen den klimatischen Gegebenheiten sowie der örtlichen Umgebung angepasst werden. Manche Tiere sind hitzeempfindlich. Verletzungsgefahr für Mensch und Tier im Haushalt beachten!

ZEITEN

Katzen lieben Routinen und stellen sich gern auf feste Zeiten ein. Ganz wie freilaufende Katzen sind auch unsere Wohnungskatzen in der Dämmerung und in den Abendstunden am aktivsten. Die Jagd beziehungsweise das Spiel bereitet ihr dann besonderes Vergnügen.

SCHMUSESTUNDE Bibi genießt Frauchens Zuwendung. Wenn sie genug gekuschelt hat, zeigt sie es deutlich durch ihre Mimik. Dann sollte man sie laufen lassen und sich auf die nächste Kuschelstunde freuen.

SPIELTYPEN

[a] TYP ENTDECKER UND SCHNÜFFELPROFI

Neugierig wird alles und jeder in der Wohnung untersucht und auch die Tasche von Frauchen/Herrchen bei jeder Heimkehr kontrolliert.

Das besondere Geschick von „Supernasen" sollte beim Aufspüren von Leckerli eingesetzt werden. Bieten Sie Ihrer Katze einen Snackball an oder stellen Sie ihr kleine Aufgaben, bei denen Futter als Belohnung winkt. Auch Duftspiele oder Objektspiele mit Katzenminzesäckchen finden großen Anklang.

[a]

[b]

[b] TYP RAUFBOLD UND JÄGER

Balgen mit Artgenossen, aber auch das Raufen mit Sofakissen oder Spielsachen sind besonders beliebt. Alles wird gejagt, vor allem die Füße des Menschen haben auf diese Katzen eine besondere Anziehung.

Denk- und Kombinationsspiele gemeinsam mit Bewegungsspielen schaffen hier Ausgeglichenheit. Durch die Wohnung jagen, am Kletterseil schaukeln, am Katzenbaum turnen und gemeinsame Spiele mit dem Tierhalter lenken überschüssige Energie in richtige Bahnen.

[c] TYP AKROBAT UND SPORTLER

Kein Regal ist zu hoch und kein Ball rollt zu weit. Klettern und Laufen sind eine Leidenschaft und die Energie scheint grenzenlos.

Fang- und Beutespiele sind ein Riesenspaß und fordern die Katze. Besonders bei Ballspielen sind Reaktionsfähigkeit und Schnelligkeit gefragt und es lässt sich wunderbar mit dem Menschen sowie mit Artgenossen spielen. Auch Spiele mit der Federangel stehen hoch im Kurs.

[c]

[d] TYP ALLEINUNTERHALTER

Erfindungsreich wird jeder Gegenstand zum Spielzeug und beim kleinsten Aufkommen von Langeweile wird die Wohnung auf den Kopf gestellt.

Ausreichend körperliche und geistige Beschäftigung sind hier angesagt. Laufen, Toben und Klettern machen besonderen Spaß. Auch Objekte, die in Kartons versteckst sind, aufzustöbern, gehört zu den Highlights. Gemeinsame Spiele mit der Bezugsperson sind besonders toll.

[d]

[e]

[e] TYP SOFTIE

Neues Spielzeug verunsichert, und es dauert einige Zeit, bis das Tier Vertrauen zeigt.

Sanfte Spiele mit dem Menschen und Streicheleinheiten bereiten großes Vergnügen. Bei zurückhaltenden Tieren sorgen Spiele mit anschließendem Erfolgserlebnis für mehr Selbstbewusstsein. Aber auch Versteckspiele nach dem Motto „Jeden und alles sehen, aber dabei selbst nicht gesehen werden!" bieten sich an.

[f] TYP SPIELMUFFEL

Ein normaler Ball ist zu langweilig. Spielsachen müssen rasseln oder quietschen.

Wenn der Mensch mitspielt und Spielobjekte zum Leben erweckt werden, ist auch der Spielmuffel zu motivieren. Federwedel und -angel stehen ganz oben auf der Hitliste, da der Jagdtrieb stimuliert wird. Aber auch der Snackball wird interessant, wenn ab und zu eine leckere Belohnung herausfällt.

[f]

SELBST
ist die Katze

WENN JAGDTRIEB UND SINNE DURCH DAS RICHTIGE SPIEL
ANGESPROCHEN WERDEN, BESCHÄFTIGEN SICH KATZEN
AUCH GERN MAL ALLEIN. JE NACH TEMPERAMENT DES
TIERES GEHT ES DANN GERUHSAMER ODER WILDER ZUR
SACHE. MANCHER STUBENTIGER MÖCHTE SICH NICHT NUR
AUSTOBEN, SONDERN AUCH SEIN KÖPFCHEN TRAINIEREN.

LICHTEFFEKTE Wird der Würfel mit der Pfote angeschubst, beginnt er zu blinken. Jetzt entscheidet sich, ob Mieze auf Lichtreflexe reagiert und die Verfolgung aufnimmt oder ob es sie kalt lässt.

SOLOSPIELE
für Einzelgänger

Spielen vertreibt aufkommende Langeweile, bedeutet Abenteuer und hält körperlich sowie geistig fit. Gerade Wohnungskatzen, die ohne Artgenossen gehalten werden oder tagsüber allein sind, benötigen ein ausgewogenes Spiel- und Beschäftigungsprogramm. Dieses muss den Anforderungen unseres Raubtiers Katze entsprechen.

Die Lieblingsbeschäftigungen einer geborenen Jägerin, wie Erkunden, Verstecken, Anpirschen und Beutefangen, setzen den Maßstab für ein gelungenes Spiel. Das Spiel und das Spielzeug sollten die Sinne ansprechen, die bei der Jagd ausschlaggebend sind. Werden Augen, Ohren und Pfoten gefordert, erwacht auch die Jagdlust des anspruchsvollsten Stubentigers.

HER MIT DEN SPIELSACHEN!

Katzen spielen auch gern allein, besonders wenn das Spielzeug stimmt. Während der Mensch von Tierspielsachen Qualität und farbenfrohes Design erwartet, stellen Katzen andere Anforderungen: Pfotengerecht und leicht zu bewegen soll es sein, außerdem muss es das Interesse einer Jägerin wecken. Manche Katzen haben vom Kätzchenalter an ein favorisiertes Spielobjekt, andere lassen sich gern für neue Spielsachen gewinnen. Neben Fellmäusen und Bällen werden oftmals auch kleine Alltagsgegenstände aus dem menschlichen Leben zu Lieblingsspielsachen auserkoren. Jeder Katzenhalter weiß eine Geschichte zu erzählen, von Dingen im Haushalt, die zum Katzenspielzeug umfunktioniert wurden.

JETZT GEHT'S RUND

Bälle zählen in allen Variationen zu den Klassikern unter den Spielsachen und begeistern den Großteil aller Katzen. Ein leichter Pfotenhieb oder ein kleiner Schubs von Menschenhand – und der Ball setzt sich in Bewegung. Bälle gibt es in unzähligen Designs und aus den verschiedensten Materialien, wie Hartgummi, Sisal, Leder, Stoff, Plüsch, Softgummi oder Kunststoff. Im Zoofachhandel findet sich für jede Katze das passende Spielobjekt: vom einfachen Ball bis zum Luxusgeschoss, das im Dunkeln leuchtet, von allein zurückrollt oder in dessen Innerem es raschelt.

Info

BÄLLE

KATEGORIE: Objektspiele und Bewegungsspiele

GEEIGNET FÜR: Katzen jedes Alters

EFFEKT: Fördert das Koordinationsvermögen, unterstützt körperliche sowie geistige Fitness und hilft überschüssige Energie abzubauen.

WICHTIG: Bälle sollten eine bestimmte Größe haben, damit sie die Katze beim Spiel nicht versehentlich verschlucken kann: Murmeln sind zum Spielen ungeeignet und große Bälle sollten auf jeden Fall leicht sein.

LASS IHN LAUFEN

Ein Ball, der über den Boden rollt, erweckt das Interesse und animiert die Katze, der flüchtenden Beute hinterherzujagen. Besonders beliebt sind Tischtennisbälle oder ähnlich leichte Bällchen, die im Zoofachhandel speziell für Katzen angeboten werden. Die Bälle lassen sich gut mit der Pfote durch die Wohnung kicken und verfolgen. Sie verschwinden unter Regalen und Sofas und kommen gelegentlich durch den Rückprall an der Wand wieder zurück. Spannend wird es, wenn Sie mehrere Pingpongbälle aus einem Meter Höhe fallen lassen und Mieze das Jagdobjekt ihrer Begierde auswählen darf. Es kann sein, dass Ihr Stubentiger aufgrund des Überangebots irritiert ist, bevor die wilde Jagd beginnt.

EXPERTENTIPP Solche Bälle sind spitze und der ideale Spielspaß für aktive Stubentiger! Sie sind ungefährlich, günstig und man kann nie genug davon haben.

DISCOFIEBER

Neben den Klassikern unter den Bällen, wie Tischtennisball, Fell- oder Softgummiball, gibt es auch Bälle mit dem Aussehen eines Igels oder Würfels. Bei Bewegung oder Erschütterung blinken sie zweifarbig. Die Noppen des Blinkballs beziehungsweise die Kanten des Würfels sorgen für einen unregelmäßigen Lauf des Spielobjekts, dadurch ist es für die Katze ganz schön unberechenbar. Die plötzlichen Richtungswechsel und das Hakenschlagen weckt die Jagdlust bei vielen Katzen.

ENDLICH GEFANGEN Nach einer wilden Jagd durch die Wohnung hat Benco den Ball wieder fest im Griff. Bis zur nächsten Runde: Ein gezielter Pfotenhieb, der Ball schießt los und das Spiel beginnt von vorn.

ZAPPELT DOCH NOCH! Erschreckend für den Jäger, wenn die vermeintlich erlegte Beute plötzlich wieder hüpft. Das ist der Startschuss für die nächste Verfolgungsjagd.

FUTTERBÄLLE

Besonders beliebt sind sogenannte Snack-, Futter- oder Activitybälle aus Kunststoff, die mit Trockenfutterkroketten befüllt werden. Wenn die Katze den Ball in Bewegung setzt, fällt ab und zu eine Krokette durch eine kleine Öffnung heraus. Die Belohnungshappen sollen das Tier immer wieder animieren, mit dem Ball zu spielen. Durch diese Beschäftigung wird sowohl der Jagdtrieb stimuliert als auch durch Langeweile auftretender Stress verringert. Ein positiver Nebeneffekt dabei ist auch, dass Mieze durch entsprechende Bewegung mehr Energie verbraucht und folglich weniger Gewicht auf die Waage bringt. Das aber nur, wenn Sie die Krokettenmenge, mit der der Futterball befüllt wird, von der Tagesration abziehen. Manche Katzen entwickeln sich zu Profi-Snackballspielern und haben schnell heraus, in welche Richtung der Ball gedreht werden muss, um eine Krokette zu bekommen.

EXPERTENTIPP Solche Bälle eignen sich hervorragend zur Beschäftigung von gelangweilten Wohnungskatzen und erlauben dem Tier, seine Nahrung zu erarbeiten beziehungsweise zu erjagen. Auch der Tatsache, dass Katzen von Natur aus eher kleine Snacks als große Mahlzeiten bevorzugen, wird hier Genüge getan. Wenn die Mieze Nahrung zur freien Verfügung hat, teilt sie sich diese in 10 bis 16 Portionen pro Tag ein.

UND ES ROLLT DOCH

Katzen sind bei der Wahl ihres Spielzeugs erfinderisch: Ein gemopstes Papierknäuel vom Schreibtisch, einen gefundenen Korken vom Couchtisch, eine ungekochte Nudel oder gar eine entwendete Olive aus der Küche dienen dem Zweck. Wenn der Gegenstand leicht bewegt werden kann und interessant riecht, ist er für Katzen unwiderstehlich. Achten Sie jedoch bitte bei Alltagsgegenständen darauf, dass diese für die Katze ungefährlich sind, sowohl von der Form als auch vom Material.

EXPERTENTIPP Alltagsgegenstände sind eine kostengünstige Alternative zu herkömmlichem Katzenspielzeug und bieten Abwechslung. Die meisten Katzen spielen gern mit Nüssen, Flaschenverschlüssen aus Kunststoff, Knöpfen oder Trinkhalmen. Das Spiel mit Gummiringen, scharfen Gegenständen oder kleinen Teilen, die verschluckt werden können, ist jedoch tabu. Auch der gute alte Holzkreisel, den viele noch aus Kinderzeiten kennen, kann Katzen auf Trab halten.

HAUPTSACHE ES ROLLT! Leckermaul Nicky hat Oliven aus der Küche entwendet und spielt mit ihnen.

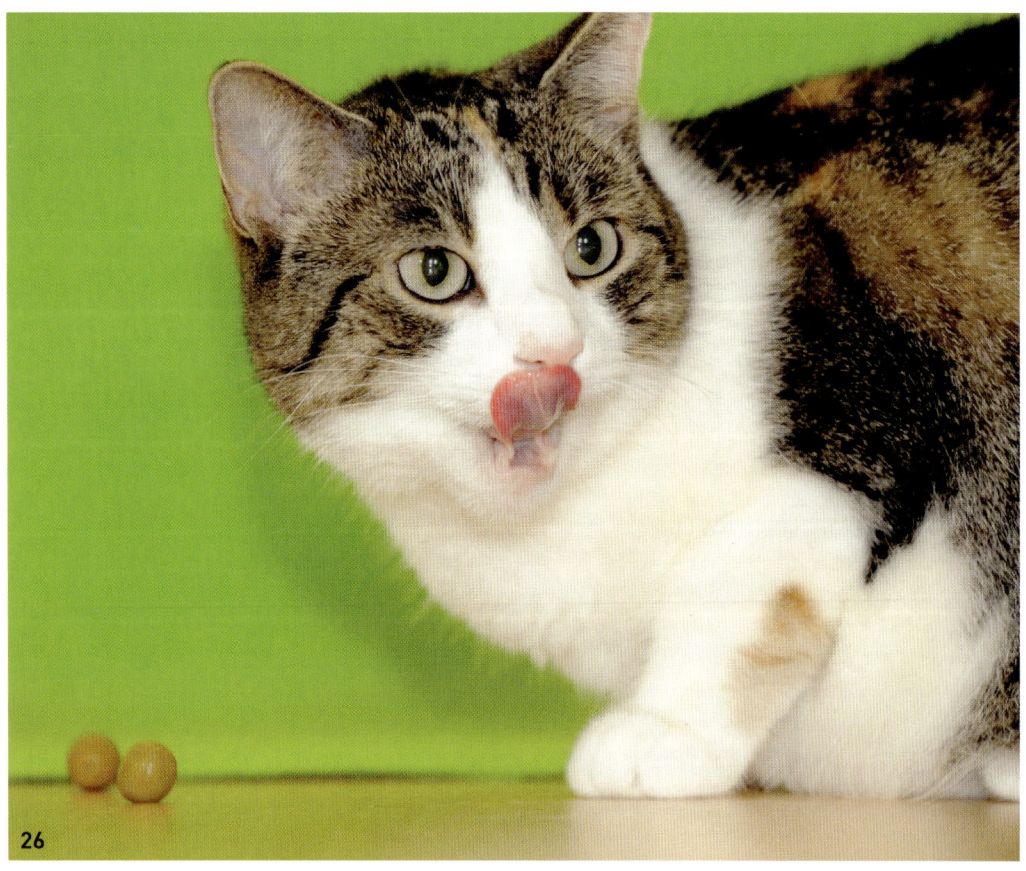

ANGESTUBST Mal sehen, ob sich diese Maus noch bewegt. Sie zuckt nicht mehr.

BEATMET Vielleicht kann man ihr wieder etwas Leben einhauchen?

TURBOMAUS Nur wenige Katzen jagen Spielmäuse im XL-Format: Bibi hat gleich zwei.

MÄUSE-ARENA

Als Katze kann man nie genug Mäuse haben. Fell-, Sisal- und Quietschmäuschen in verschiedenen Größen, mit oder ohne Katzenminzeduft, lassen sich prima erlegen und bieten stundenlanges Spielvergnügen. Damit die Spielmäuse beliebt bleiben, sollten Ihrem Stubentiger immer nur ein bis zwei Fellmäuse zur Verfügung stehen. Räumen Sie die restlichen Mäuse weg und bieten Sie Ihrer Katze abwechselnd verschiedene Mäuse an.

EXPERTENTIPP Fellmäuse stehen ganz oben auf der Hitliste der beliebtesten Katzenspielsachen. Sie ähneln mit ihrem Fell einer echten Maus und lassen sich bequem im Maul durch die Wohnung tragen. Wenn Sie für Ihr Tier eine Spielmaus aussuchen, achten Sie auf die Größe. In freier Wildbahn gelten nämlich größere Nagetiere und Ratten als wehrhafte Gegner, mit denen man sich besser nicht anlegt. Fellmäuse, die das XL-Format einer großen Maus übersteigen, sind folglich bei Katzen nicht so begehrt.

Info

MÄUSCHEN

KATEGORIE: Objektspiele, Apportierspiele, Jagd- und Beutespiele mit der „Lizenz zum Töten"

GEEIGNET FÜR: Katzen jedes Alters

EFFEKT: schärft Jagdfähigkeiten, unterstützt körperliche und geistige Fitness und hilft überschüssige Energie abzubauen.

WICHTIG: Verzichten Sie auf Spielmäuse mit kleinen, leicht zu verschluckenden Teilen, wie schnell ablösbare Augen.

UNBEKANNTES FLUGOBJEKT Dieser Spielring aus Stroh und Federn ist bei vielen Stubentigern sehr beliebt. Federleicht lässt er sich von Katzenpfoten in die Luft werfen, fangen und erjagen.

FEDERVIEH

Neben der Jagd auf Bälle, Mäuschen oder katzentaugliche Alltagsgegenstände gehören auch Federn zu den beliebtesten Katzenspielsachen. Wie wäre es mit einem Strohring mit Federn? Er ist leicht, die Katze kann ihn in die Luft werfen und jagen. Es gibt viele Spielzeuge mit Federn, die nach dem „Stehaufmännchen-Prinzip" funktionieren und sich dadurch ausgezeichnet für Solitärspiele eignen. Nach jedem Pfotenhieb richten sich die „Federmännchen" wieder auf und sind für den nächsten Schlag bereit.

EXPERTENTIPP Federn sind bei Katzen sehr beliebt. Für unsere Miniraubtiere ist die Jagd auf Federspielzeug fast so spannend wie auf echte Vögel. Bei leichtem Anstupsen wippen die Federn und wecken das Interesse der Jägerin. Das luftige Spielobjekt ist gut für Solitärspiele geeignet und kann im Maul herumgetragen werden. Da Katzen gern an Federn kauen und die scharfen Enden der Kiele Verletzungen hervorrufen können, sollten Sie das Spiel mit Federn beaufsichtigen. Nach dem Spielvergnügen werden die Federspielsachen katzensicher verstaut.

ANGELSPASS FÜR GESCHICKTE PFOTEN

Katzen sind leidenschaftliche Jäger und beweisen Ausdauer und Geschick, um eine mögliche Beute zu erwischen. Freilaufkatzen verbringen täglich bis zu sechs Stunden mit der Jagd, wobei nur etwa jeder 15. Jagdversuch erfolgreich ist. Erfahrene Jägerinnen sind es gewohnt, Zeit in den Beutefang zu investieren, und lassen sich von einem Misserfolg nicht gleich demotivieren.

UNSICHTBARE BEUTE

Spielobjekte, die erst entdeckt und gefangen werden müssen, bevor man mit ihnen spielen kann, sind besonders spannend. Sie sprechen Entdeckerdrang und Neugier unserer Katzen an und veranlassen die Tiere, immer wieder nach der Beute zu tasten und zu angeln. Im Zoofachhandel gibt es unterschiedliche Spielobjekte für Tast- und Angelspiele, wie den allseits bekannten kunterbunten Plüschwürfel, der auf allen vier Seiten und auf der Oberfläche je eine in Kreuzform eingeschnittene Öffnung hat. Im Innern des Würfels befinden sich vier flauschige Plüschbällchen, welche die Jagdlust der Katze anregen.

EXPERTENTIPP Grundsätzlich eine gute Spielidee, jedoch ist der Plüschwürfel durch seine Materialbeschaffenheit nicht sehr stabil und fällt beim Tasten oft in sich zusammen. Die Katzen verlieren dadurch relativ bald das Interesse. Sie können den Würfel auch mit anderen Spielsachen füllen, damit er spannend bleibt. Ein Schuhkarton mit Deckel, in dessen Wände zwei bis drei Löcher geschnitten wurden, erfüllt denselben Zweck und bietet mehr Standfestigkeit für wilde Angelspiele. Die Spielzeuge, mit denen der Karton gefüllt wird, sollten eine griffige Oberfläche aufweisen, beispielsweise Sisal oder Leder, damit die Krallen beim Zuschlagen und Herausziehen der Beute besseren Halt finden.

CATCH THE MOUSE Hier läuft die Maus im Kreis und lädt zum Angeln ein.

ERWISCHT Toll ist es, wenn die Mieze eine Spielmaus in den Pfoten halten kann.

BETÖREND Berauschend wird es, wenn die Maus mit Katzenminze eingerieben wurde.

SCHWEIZER KÄSE

Dieses Spielzeug ähnelt einem Stück Emmentaler. Auf der Oberfläche und an den Seiten befinden sich Öffnungen, durch welche die Bälle mit Glöckchen im Innern des Objekts bewegt werden können. Sie können Ihrer Katze auch einige Trockenfutterkroketten oder andere kleine Spielobjekte in die Spielbox legen, nach denen sie angeln kann, wenn sie sich allein beschäftigen soll.

EXPERTENTIPP Da es für die Katze unmöglich ist, die Bälle aus dem Käse zu fischen, kann es auch zur Frustration kommen. Beobachten Sie Ihr Tier beim Spiel. Lässt das Interesse deutlich nach

und zeigt die Katze ihren Unmut, beenden Sie das Spiel mit einem positiven Erlebnis: Verstecken Sie ein Leckerli oder eine Trockenfutterkrokette in einem der Löcher. Hat die Mieze das Futter gefunden, verknüpft sie mit diesem Spiel etwas Angenehmes und wird auch beim nächsten Mal Interesse zeigen.

Im Zoofachhandel gibt es auch Spielboxen und -schienen, die zu einem Spiel- und Spaßerlebnis für Katzen zusammengestellt werden können. In verschiedenen Röhren laufen Rasselbälle, die alle Sinne der Katze ansprechen. Diese Systeme eignen sich auch für ältere Tiere sowie Katzen, die krankheitsbedingt in ihrem Bewegungsumfeld eingeschränkt sind.

ALLES KÄSE? „Cat's Cheese" ist mit einer kleinen Angel und drei Bällen für langen Spielspaß ausgerüstet. Die Katze kann nach den Bällen tasten oder die Maus an der Angel fangen.

LEKTION FÜRS LEBEN Spielen macht nicht nur Spaß, sondern ist auch für die Entwicklung junger Katzen und für die Mensch-Tier-Beziehung wichtig. Denn durch gemeinsames Spiel wird Vertrauen aufgebaut.

HEIMISCHER FITNESS-PARCOURS

Ein Tag im Leben einer Katze besteht aus Ruheperioden und Zeiten mit ausgeprägter Aktivität. Während eine Wohnungskatze einen Großteil des Tages mit Schlafen, Körperpflege und Fressen verbringt, bewegen sich Freilaufkatzen viel mehr. Sie streifen umher, klettern auf Bäume, erkunden ihr Territorium, begegnen Artgenossen und gehen auf die Jagd. Freilaufkatzen steht ein durchschnittliches Territorium von 8000 m² bis zu 50 ha zur Verfügung, während sich Wohnungskatzen mit der Wohnungsgröße ihres Besitzers begnügen müssen. Stubentiger leben durchschnittlich in einer Umgebung von 35 m² bis zu 120 m². Sie zeigen jedoch dieselben Verhaltensweisen wie ihre frei laufenden Artgenossen: Verstecken und Beobachten, Erkunden, Markieren und Jagen. Diese Aktivitäten spielen eine bedeutende Rolle für das Wohlbefinden jeder Katze. Gerade bei Wohnungshaltung muss das menschliche Heim durch Höhlen, Verstecke, Ruheplätze, Aussichtsplattformen und Kratzbäume zum Wohlfühlparadies für das Tier werden. Abgesehen von Jagdspielen, die Sie gemeinsam mit Ihrer Katze spielen sollten (siehe Seite 54 ff.), ist es unabdingbar, dass Sie Ihrem Stubentiger eine adäquate Fitnesswelt zur Verfügung stellen, um sich richtig austoben und somit überschüssige Energie abbauen zu können.

KLETTERTRÄUME

Wie kann man grundlegende Bedürfnisse der Katzen, wie Klettern, Krallenschärfen, Verstecken und Beobachten, besser unter einen Hut bringen als mit einem multifunktionalen Kratzbaum? Er ersetzt den geschickten Akrobaten Bäume, Balkonbrüstungen und Dächer, auf denen sie in „freier Wildbahn" balancieren würden, und wird somit zum Fitnessplatz, Klettergerät und Aussichtsturm. Aber nicht nur das, Kratzbäume sind auch als Schlafplatz beliebt, dienen zum

KATZENFITNESS Ab durch den Katzentunnel und schnell wieder den Kratzbaum hinauf.

AUSGUCK Aus einem sicheren Versteck lässt sich das menschliche Treiben ungestört beobachten.

Krallenschärfen und schonen somit oft das Sofa. Das Modell sollte allerdings nicht nur den optischen Ansprüchen des Zweibeiners genügen, es muss auch der Katze gefallen. Und das sind die Kriterien aus Katzensicht: Der Kratzbaum sollte mehrere Etagen mit erhöhten Aussichtspunkten haben und ihr einen guten Überblick über das Revier bieten. Katzen leben in der dritten Dimension: Steht der Baum in der Nähe eines Fensters oder einer Terrassentür, hat sie uneingeschränkten Blick nach draußen. Dadurch vergrößert sich das Revier, zumindest optisch, und sie kann Nachbars Kater oder vorbeifliegende Vögel beobachten. Der Kratzbaum muss unbedingt durch eine große Standfläche über eine gute Statik verfügen, damit das Klettergerät nicht wackelt oder umkippt, wenn das Tier an ihm hochspringt oder daran herumturnt. Macht die Katze schlechte Erfahrungen mit dem Kratzbaum, weil dieser ihrem Temperament nicht standhält und kippt,

UNENTSCHLOSSEN Hoch auf die Plattform oder doch lieber runter zur Spielmaus?

ist es aus mit dem Traum vom Baum, und in Zukunft wird das Sofa zum Klettern und Krallenschärfen herhalten müssen. Sisalumwickelte Stämme oder echte Baumstämme bieten sich zur Krallenpflege an und herabhängende Taue verleiten zu Schaukel- und Kletterspielen.

EXPERTENTIPP Im Fachhandel gibt es mittlerweile Kletter- und Spiellandschaften. Je nach Bedürfnis können Kratzbaum, Tunnel und andere Elemente miteinander kombiniert werden. Auch Katzenbaummodelle aus Baumstämmen sind erhältlich. Viele Katzen favorisieren mit Sisal bespannte Katzentürme, die in mehreren Etagen Schlupflöcher anbieten. Den kreativen Heimwerkern unter den Katzenhaltern sind keine Grenzen gesetzt, denn sie können ihren Stubentigern einzigartige Kletterwelten zimmern. Bedenken Sie, dass höhere Kletterbäume eine größere Standfläche oder eine Deckenstütze benötigen.

Checkliste

KATZENBAUM

- [ ] Angepasst an spezielle Bedürfnisse junger oder aktiver, älterer oder kranker Tiere

- [ ] Ansprechendes Design

- [ ] Ausgewählte Materialien – ohne Schadstoffe

- [ ] Ausgewogene Statik bei Belastung durch eine oder mehrere Katzen

- [ ] Farbechtheit bei Leder, Textilien, Teppichen etc.

- [ ] Hochwertige Verarbeitung

- [ ] Höhenverstellbare und leicht montierbare Deckenspanner

- [ ] Katzengerecht konstruiert – mehrere Liege- und Sitzflächen im oberen Bereich

- [ ] Kundenservice und Beratung – Erhalt von Ersatzteilen möglich, Garantie

- [ ] Ohne zusätzliches Werkzeug montierbar (bei Selbstmontage)

- [ ] Spielobjekte, wie Mäuschen oder Bälle, die an einer Schnur herabhängen

- [ ] Stabile Bodenplatten – Rutschfestigkeit

- [ ] Strapazierfähig

- [ ] Wetterfest (bei Outdoormodellen)

SPRUNGKÜNSTLER

Wer über Äste und Balkonbrüstungen tänzelt oder von Dach zu Dach springt, verfügt über eine exzellente Körperbeherrschung, demonstriert ein blitzschnelles Reaktionsvermögen und hat ein ausgeprägtes Gleichgewichtsempfinden. Der Katzenschwanz dient dabei als Steuerruder und liefert ausgezeichnete Dienste bei der Koordination. Katzen sind Kletter- und Sprungprofis. Leicht und schnell klettern sie den Baumstamm hinauf, indem sie sich mit den scharfen Katzenkrallen an der Rinde festhalten und sich mit den kräftigen Hinterläufen nach oben schieben. Der Abstieg ist schon schwieriger, denn Katzenkrallen finden beim „Abstieg kopfüber" keinen Halt. Insofern geht es sacht im Rückwärtsgang oder mit einem beherzten Sprung nach unten. Bei der Landung kommt das Tier zuerst mit den nach vorn gestreckten Vorderpfoten auf, die Hinterläufe werden unter den Körper gezogen. Sehr hohe Sprünge werden bewältigt, indem die Katze die Vorderpfoten so weit wie möglich nach unten streckt, solange sie mit den Hinterpfoten noch Halt hat. Erst wenn der Katzenkörper ganz durchgestreckt ist, springt sie ab.

EXPERTENTIPP Wilde, heftige Sprünge sind meist jungen oder aktiven Katzen vorbehalten. Ältere oder schwere Tiere, die Probleme mit den Gelenken haben, sind für sportliche Spiele schwer zu motivieren, da ihnen Sprünge oft Schmerzen bereiten. Eine Ernährungsumstellung und ein individuell abgestimmtes Fitness- und Spielprogramm verhilft übergewichtigen Katzen zu mehr Bewegungsfreude.

[a] **LOCKER GEMACHT** Benco ist bereit für eine Runde Katzenagility.

[b] **VERFOLGT** Von der oberen Ebene des Kratzbaums hinunter, immer dem Federwedel hinterher.

[c] **PUNKTLANDUNG** Sind die Vorderpfoten aufgekommen, werden die Hinterläufe bei der Landung unter den Körper gezogen.

[d] **SPRUNGGEWALTIG** Spielzeug mit Katzenminzeduft – an der Tür befestigt – veranlasst Katzen zu athletischen Leistungen.

[e] **BALANCEAKT** Bei wilden Kletterübungen hilft der Schwanz, die Balance zu halten.

BERAUSCHT Selbst der imposante Leon vergisst mit einem Katzenminzemäuschen die Welt um sich.

KATZENMINZE – RAUSCH DER SINNE

Katzenminze (Nepeta Cataria) enthält ätherische Öle und die Substanzen Nepetalacton und Actinidin, von denen sich ein Großteil der Katzen magisch angezogen fühlt. Während Catnip (Katzenminze) für den menschlichen Geruchssinn einen nicht ungewöhnlichen Duft verströmt, kann sie auf Katzen betörend wirken und die Tiere in eine rauschähnliche Stimmung versetzen. Beim Kontakt mit dem Gewächs werden verschiedene Verhaltensweisen ausgelöst. Zuerst wird geschnuppert und geleckt, dann

werden Kinn und Wangen daran gerieben, unterbrochen von verträumten Blicken. Meistens bekommt die Pflanze oder der mit Catnip behandelte Gegenstand kräftige Pfotenhiebe. Da die Tiere nach dem Schnuppern der Katzenminze lebhafter, verspielter und neugieriger reagieren, werden getrocknete Catnip-Blätter oft in Stoffkissen oder Spielmäuse gefüllt und gelten als „Belebungs- und Verjüngungsmittel" für müde oder gelangweilte Stubentiger. Bei Wohnungskatzen ist Katzenminze ein effektives Hilfsmittel, um Spielzeuge oder Kratzbäume interessant zu machen. Ob Katzen sich vom Katzenminzeduft angezogen fühlen oder nicht, soll genetisch bedingt sein. Kätzchen unter drei Monaten zeigen noch kein Interesse an Katzenminze.

CATNIP-KATZEN

Spielobjekte, wie die auf Seite 35 [d] abgebildete Spielkatze, kann man gut an den Kratzbaum oder an Türklinken

BLITZSCHNELL ERFASST Auch beim Spiel entgeht dem aufmerksamen Blick von Lisa nichts. Ob wackelnde Zehen oder sich windende Spaghettis – jede Bewegung wird registriert und verarbeitet.

hängen. Der Geruch der Catnip-Kräuter sowie die eingenähte Raschelfolie erregen das Interesse der Katze und motivieren zum Spielen. Besonders sportliche Katzen lieben solche Spielobjekte und lassen sich zu kühnen Sprüngen verleiten, um die Beute zu erwischen.

MISSION „UNDERCOVER"

Katzen lieben Höhlen: Sie können aus einem sicheren Versteck alles beobachten, werden dabei aber selbst nicht entdeckt! Die beliebtesten Schlupfwinkel sind Rascheltunnel, Schubladen oder auch das Bett. Auch große Kartons, in die Ein- und Ausgänge geschnitten werden, sind

ideale Versteckmöglichkeiten. Seidenpapier oder abgerollte Luftschlangen rascheln und bieten sich zum Toben, Verstecken und Anschleichen an.

Info

KATZENAUGEN
Katzen sehen auch bei geringer Lichtquelle gut und erkunden daher gern dunkle Orte und Ecken. In der Dämmerung sieht die Katze sogar sechsmal besser als der Mensch, in totaler Finsternis können jedoch auch die Katzenaugen nichts mehr wahrnehmen.

TUNNEL UND RASCHELSACK

Spielröhren beziehungsweise Spieltunnel eignen sich für Katzen, die sich gern verstecken. Im Innern kann die Katze ungesehen ein Nickerchen machen oder nach Herzenslust toben. Spannung, Abwechslung und Abenteuer bietet der Tunnel, den es aus verschiedenen Materialen und mit eingenähter Raschelfolie gibt.

Manche Spielröhren haben mehrere Ausgänge sowie herabhängende Fellmäuse, Plüschbälle oder Filzfischchen, die im Dunkeln erjagt werden können. Sie können mehrere Spieltunnel zu einem dunklen Röhrensystem zusammenstellen, einige Mäuse darin verstecken und die Agenten auf vier Pfoten auf geheime „Undercovermission" schicken.

Checkliste

SOLITÄRSPIELE

Mit diesen Spielobjekten kann sich Ihr Stubentiger auch mal allein die Zeit vertreiben:

- [ ] **Mehrere Mäuschen (aus Fell, Sisal oder Stoff – je nach Vorliebe Ihrer Katze)**
- [ ] **Leichte Bälle**
- [ ] **Katzentaugliche Alltagsgegenstände wie Korken, Nüsse etc.**
- [ ] **Snackball und Trockenfutterkroketten**
- [ ] **Katzenbaum**
- [ ] **Versteckmöglichkeiten (Decke, Raschelsack, Karton etc.)**
- [ ] **Spielbox oder -schiene**
- [ ] **Spielobjekt mit Katzenminzeduft**

[b]

[c]

[a] **KATZENWRAP** Ein zusammengerollter Teppichläufer eignet sich hervorragend als Versteck.

[b] **GUT GETARNT** „Sehen, aber nicht gesehen werden" lautet das Motto.

[c] **ANGEPIRSCHT** Erweckt ein Spielobjekt das Interesse der Katze, arbeitet sie sich langsam an die vermeintliche Beute heran.

[d] **UNTERTUNNELT** Katzen fühlen sich von Höhlen magisch angezogen.

[e] **AUS DER RÖHRE SCHAUEN** Verstecken, Erkunden und Beobachten zählen zu den Grundbedürfnissen jeder Katze.

[d]

[e]

SPIELPARTNER
Katzenkumpel

IN GESELLSCHAFT EINES KATZEN-
KUMPELS WIRD DAS LEBEN SEHR
VIEL ABWECHSLUNGSREICHER.
DENN WILDE VERFOLGUNGSJAGDEN,
SPANNENDE RANGELEIEN, VER-
STECKSPIELE UND DIE SUCHE NACH
FELLMÄUSEN MACHEN GEMEINSAM
DOPPELT SO VIEL SPASS.

EINZELKÄMPFER
oder Teamspieler?

Katzen haben unterschiedliche Lebensweisen, die ihre Individualität und ihre enorme Anpassungsfähigkeit an unterschiedliche Bedingungen widerspiegeln. Das erweckt oft den Anschein, sie wären eigenbrötlerisch und dem familiären Zusammenleben gegenüber abgeneigt. Einerseits ziehen sie als Einzelgänger durch Wiesen und Felder, andererseits leben sie gesellig in verschieden großen

MAJESTÄTISCH Trotz ihrer imposanten Erscheinung ist die Maine Coon eine sanftmütige Zeitgenossin.

Gruppen und in unterschiedlichen sozialen Strukturen. Katzenkolonien bilden sich verstärkt in Gebieten mit einem reichhaltigen Nahrungsangebot. Innerhalb der Gruppen erkennt man matriarchalische Stammlinien und die Tiere unterhalten soziale Beziehungsnetze. Bei den Wohnungskatzen hat der Mensch einen erheblichen Einfluss auf das Sozialleben der Katze, denn wir bestimmen, ob sie allein leben muss oder mit einem Artgenossen. Viele Katzen werden allein gehalten und haben nie die Möglichkeit, unter Beweis zu stellen, dass sie durchaus gesellig wären. Obwohl das Sozialleben der Katzen ausgesprochen vielschichtig ist und der Halter einiges an Wissen benötigt, um zwei oder mehreren Katzen ein harmonisches Miteinander zu ermöglichen, sollte man gerade Wohnungskatzen einen Artgenossen nicht vorenthalten! Denn was gibt es Schöneres als einen Kameraden, mit dem man gemeinsam den Tag verbringen kann, wenn Frauchen oder Herrchen arbeiten muss?

KUSCHELTIGER ODER SPIELFREAK?

Durch gezielte Zuchtauswahl entstanden verschiedene Katzenrassen. Je nach Standard werden den Tieren entsprechende körperliche Merkmale und unterschiedliche Wesenszüge zugeordnet. So werden Perserkatzen oft als friedfertig und ruhig beschrieben, während die Siamkatzen

als lebhaft und aufgeschlossen gelten. Doch natürlich gibt es auch Ausnahmen.

Die friedfertigen, ruhigen Charaktere: Perser, Kartäuser, Britisch Kurzhaar, Exotisch Kurzhaar …

Eine Spur lebhafter sind: Maine Coon, Norwegische Waldkatze, Heilige Birma, Ragdoll …

Die Temperamentsbündel: Siam, Burma, Burmilla, Korat, Abessinier, Türkisch Angora, Singapura, Bengal, Somali, Balinesen, Orientalisch Kurzhaar …

Ein Kapitel für sich: die Hauskatze oder auch Europäisch Kurzhaar genannt.

FRIEDFERTIG Heilige Birma gelten als ruhige und ausgeglichene Gefährtinnen.

TEMPERAMENTSBÜNDEL Siamkatzen sind sehr präsent. Sie lieben lebhafte Spiele.

WO BIST DU? Junge und aktive Katzen lieben es, Verstecken zu spielen.

GEFÄHRDET Zerbrechliche Gegenstände müssen aus dem Spielfeld geräumt werden.

BRUCHLANDUNG Die Schale hat das Spiel nicht überlebt, die Reste werden untersucht.

HAUSKATZEN

Der größte Anteil aller Katzen sind vermutlich Hauskatzen, die ihrer Verwandtschaft mit Stammbaum in nichts nachstehen und Katzenfans ungeachtet der Herkunft in ihren Bann ziehen. Während bei den Rassekatzen Wesenseigenschaften vorhersehbar sind, gleicht die Hauskatze hingegen einem Überraschungspaket. Wie wird das Kätzchen aussehen? Welche Charaktermerkmale hat es von seinen Eltern als Startkapital ins Leben erhalten?

FANG MICH DOCH!

Lauf- und Fangspiele gehören zur sportlichen Kategorie der Spiele und werden meistens von jungen oder sehr aktiven Katzen gespielt. In einer wilden Jagd geht es kreuz und quer durch die Wohnung, über Betten und Stühle, über Regale und sonstiges Mobiliar. Schnell wechseln jedoch die Rollen und der Verfolger wird zum Gejagten und umgekehrt. Diese athletischen Hochleistungen erfordern nicht nur körperliche Fitness und ein schnelles Reaktionsvermögen, sondern

Info

EINFLUSS AUF DEN CHARAKTER

Ebenso vielfältig und unterschiedlich wie die menschlichen Charaktere sind die Wesenszüge der Katze. Das genetische Vermächtnis der Elterntiere, Erfahrungen, Lernprozesse und Vorlieben haben genauso einen Einfluss auf die Persönlichkeit des Tiers, wie das Lebensumfeld. Es ist nicht immer einfach, das Temperament einer Katze zu bestimmen. Einige sind sanft, andere extrovertiert und geschwätzig, es gibt scheue, aber auch kratzbürstige Stubentiger.

benötigen auch viel Energie. Und so finden sich die Sportler auf vier Pfoten bald auf dem Sofa zur Siesta wieder, um die Kraftreserven aufzutanken.

EXPERTENTIPP Wenn Ihre Katzen zu den Lauffreudigen gehören, öffnen Sie die Zimmertüren und stellen Sie ihnen eine große Rennstrecke zur Verfügung. Damit bei den Rennspielen kein Inventar zu Bruch geht, sollten Sie diesbezüglich Vorsorge treffen und Vasen oder andere leicht zerbrechliche Gegenstände aus dem Aktionsfeld räumen.

IM VERBORGENEN

Auch Verstecken gehört zu den Vorlieben unserer Katzen. Kartons, Kisten, Einkaufstüten, Schubladen und Regale ziehen Katzen magisch an. Hier fühlt man sich geschützt, kann alles und jeden beobachten, ohne selbst gesehen zu werden.

Und kommt der Artgenosse zufällig des Weges, kann man ihn wunderbar aus dem Hinterhalt attackieren und ein Lauf- oder Kampfspiel anzetteln.

EXPERTENTIPP So mancher vermeintlich kuschelige Schlupfwinkel in der Wohnung entpuppt sich als äußerst gefährlich. Besonders beliebt sind Taschen. Handelt es sich dabei um Einkaufstüten, besteht die Gefahr, dass sich der Vierbeiner darin verheddert und eventuell erstickt. Wenn Sie daher Ihren Stubentiger in Tüten Verstecken spielen lassen, dann bitte nur unter Aufsicht und nachdem Sie die Henkel der Tüte durchgeschnitten oder entfernt haben. Papiertüten sind auf jeden Fall ungefährlicher. Auch Kleiderschränke oder Schubladen können für Katzen zur Falle werden, vor allem, wenn sie darin eingeschlossen werden und Frauchen oder Herrchen weggehen.

EINGETÜTET Einkaufstüten gehören zu den Lieblingsverstecken von Katzen jeden Alters.

KISSENSCHLACHT Baldriankissen sind eine begehrte Beute und werden aufmerksam bewacht.

HOCH HINAUS

Katzen lieben es, ihr Revier von oben zu beobachten. Neben idealen Aussichtspunkten bietet ein Katzenbaum noch mehr. Springen, Klettern, nach herunterhängenden Spielsachen angeln oder einfach mal Pause machen. Wenn Sie mehrere Katzen besitzen, sollten Sie darauf achten, dass jedem Tier eine eigene Liegefläche zur Verfügung steht. Anders sind Auseinandersetzungen vorprogrammiert, wenn es um begehrte Plätze geht.

EXPERTENTIPP Neben dem Katzenbaum werden auch schnell Regale zu Aussichtsplattformen und Akrobat Mieze schlängelt sich zwischen Vasen und Figuren hindurch, bis Frauchens Lieblingsstück zu Bruch geht. Gerade bei jungen und übermütigen Stubentigern sollten in der ersten Zeit zerbrechliche Gegenstände von den Regalen verbannt werden.

KAMPFKATZEN

Bei halbwüchsigen Katzen stehen Kampfspiele auf dem Programm. Von Imponieren bis Drohen, vom Angriff bis zum Nackenbiss werden die unterschiedlichen Kampf- und Jagdtechniken spielerisch ausprobiert. Von oben herab kann man wunderbar spielerische Attacken auf den Kameraden starten. Raufen und Herumbalgen machen Spaß und sind besonders beliebt. Doch aus dem Spiel kann schnell mal Ernst werden.

EXPERTENTIPP Das ungehinderte soziale Spiel ist wichtig für Kätzchen, da es für die Entwicklung der Persönlichkeit unentbehrlich ist. Greifen Sie bitte nicht gleich ein, wenn Ihre jungen Stubentiger übermütig durch die Wohnung toben. Raufspiele sehen meistens wilder aus, als sie sind.

GRENZEN ÜBERSCHREITEN

Aber nicht nur Teenagerkatzen überschreiten manchmal ihre Grenzen im Spiel, auch erwachsene Tiere geraten sich in die Haare. Sie sollten bei solchen Konfrontationen nur dann eingreifen, wenn ernsthafte Verletzungsgefahr besteht, zum Beispiel durch Bisse. Wird für eines der beiden Tiere Partei ergriffen oder die scheinbar „angreifende" Katze gerügt, wird die Bestrafung oft mit dem Artgenossen in Verbindung gebracht und wirkt sich negativ auf die Freundschaft der beiden Tiere aus. Zudem beeinträchtigen solche Erziehungsmaßnahmen Ihre Mensch-Tier-Beziehung. Treiben Sie keine der Katzen „in die Enge" und lassen Sie ihnen immer eine Ausweich- oder Fluchtmöglichkeit. Wenn Sie versuchen, eine der beiden Katzen abzulenken, dann niemals durch Streicheln oder Leckerli, weil Sie dadurch das vorherige aggressive Verhalten bestärken würden. Bringen Sie sich bei gefährlichen Auseinandersetzungen „anonym" ein, indem Sie zum Beispiel hinter Ihrem Rücken einen Schlüsselbund oder ein Buch fallen lassen. Durch den unerwarteten Krach wird der Kampf unterbrochen und die Tiere lassen voneinander ab. Manchmal hilft jedoch nur eine saftige Dusche aus der Wasserspritzflasche, um die beiden Streithähne zu trennen – bitte den sanften Strahl einstellen.

NASENSTÜBER Wagt sich der junge Kater zu nah an das Duftkissen, setzt es einen gehörigen Pfotenhieb.

47

TANZENDE FEDERN

Katzen lieben Federn, vor allem, wenn
sie sich wie von Geisterhand bewegen.
„Catch me" ist ein Spielzeug, das mit
Motor und Fernbedienung ausgestattet
ist. Der Motor bringt die Spielangel zum
Drehen und wirbelt das Spielzeug herum.
Dadurch wird der Jagdtrieb geweckt und
das Spiel kann beginnen.

EXPERTENTIPP „Catch me" ist ein
empfehlenswertes Spielzeug sowohl für
einzeln gehaltene Tiere als auch bei
Mehrkatzenhaltung. Nicht nur die körperliche Fitness, sondern auch die geistige
Flexibilität der Tiere wird durch dieses
Spiel angesprochen. Durch den unregelmäßigen Lauf der Spielangel bleibt auch
die Spielmotivation länger erhalten.

„CATCH ME" heißt die beliebte Spielstation
mit Federangel und Fernbedienung.

Mittels Fernbedienung kann der Katzenhalter Einfluss auf das Spiel nehmen und
die Feder stoppen beziehungsweise wieder drehen lassen.

ERLEBNISBOX
Erlebniswelten
aus Karton bedeuten
Abenteuer und bieten
Abwechslung für Kätzchen.

BEUTE AM FADEN

Spielangeln sind gut geeignet, um den Jagdtrieb von Katzen zu wecken. Schnelligkeit, Fitness und Reaktionsvermögen sind hier gefragt. Wenn ein Federbüschel an der Angel tanzt, ist Mieze nicht mehr zu halten. Ein Spiel, das man auch wunderbar zu zweit oder zu dritt spielen kann.

EXPERTENTIPP Der Aktivitätsgrad von Katzen ist unterschiedlich. Es ist daher notwendig, dass Spiele individuell auf die Katzen abgestimmt werden. Ängstliche Katzen lassen sich beim Spiel oft von selbstbewussten aktiven Katzen zurückdrängen. Wenn dies der Fall ist, sollten Sie neben den gemeinsamen Spielen auch mit jedem Tier einzeln spielen, damit keines zu kurz kommt. So kann Ihr selbstsicherer Stubentiger überschüssige Energie abbauen, die schüchterne Katze selbstbewusster werden und beim gemeinsamen Spiel wird die Tierfreundschaft gestärkt.

SCHATZSUCHE

Kartons und Schachteln bieten tolle Spielmöglichkeiten für Katzen. Also nicht gleich entsorgen, sondern zu Erlebniswelten für Ihre Stubentiger umbauen. Je größer und stabiler die Box beziehungsweise Schachtel, umso besser. Schneiden Sie Löcher in den Karton als Ein- und Ausgänge, eventuell ein paar Fenster. Legen Sie die Katzenabenteuerwelt mit raschelndem Seidenpapier aus. So lässt es sich im Karton hervorragend verstecken und toben. Zusätzlich unter dem Papier versteckte Fellmäuschen oder Katzenminzesäcke fordern den Tastsinn heraus und animieren Ihre Katzen zum Jagen.

EXPERTENTIPP Diese Spielwelten sind variabel, kostengünstig und begeistern alle Katzen im Haushalt. Damit das Interesse Ihrer Katzen an der Objektsuche in „verborgenen Welten" bestehen bleibt, sollten Sie den Karton nach einigen Tagen wegräumen.
Wird die Schachtelerlebniswelt in zwei bis drei Wochen wieder aufgestellt, beginnt der Spielspaß für die Tiere erneut.

Checkliste

SPIELE MIT ARTGENOSSEN

Mit diesen Spielobjekten können sich zwei Katzen wunderbar die Zeit vertreiben:

- [ ] **Mehrere Mäuse (aus Fell, Sisal oder Stoff – je nach Vorliebe Ihrer Katzen)**
- [ ] **Leichte Bälle**
- [ ] **Katzentaugliche Alltagsgegenstände zum Spielen, wie Korken, Nüsse etc.**
- [ ] **Katzenbaum**
- [ ] **Versteckmöglichkeiten (Decke, Raschelsack, Kartons etc.)**
- [ ] **Spielbox oder -schiene**
- [ ] **Spielobjekte mit Katzenminzeduft**
- [ ] **Mit Motor betriebene Katzenspielsachen („Catch me" etc.)**

CATCH ME

BASICS

[a]

[b]

[a] **LEBT ES?** Sich bewegende Objekte wecken das Interesse und motivieren Katzen zur Jagd.

[b] **PFÖTELN** Ist die Jagdlust geweckt, geht es mit vollem Einsatz zur Sache.

[c] **RICHTUNGSWECHSEL** Nun sind Koordination und Reaktionsvermögen gefragt. Leider ist die Beute durch einen abrupten Richtungswechsel entkommen.

[d] **FAST ERWISCHT** Mit gezieltem Pfotenschlag und offenem Maul wird versucht, die Spielfedern abzuschlagen oder zu fassen. Hier ist Geschick gefragt.

[c]

[d]

[e]

[f]

[e] **FREILAUFKATZEN** verbringen täglich bis zu sechs Stunden mit der Jagd, Wohnungskatzen müssen ihren Jagdtrieb im Spiel ausleben.

[f] **NOCH MAL** Meggy kann von diesem Spiel gar nicht genug bekommen.

[g] **ATTACKE** Aus der Deckung versucht sie einen erneuten Angriff.

[h] **JETZT ABER** Hier wird der hohe Erregungslevel bei der Jagd ersichtlich.

[i] **VOLLE KONZENTRATION** Bei „Catch me" sind mehrere Jagdversuche nötig, bis die Beute geschlagen ist.

[g]

[h]

[i]

SPIEL
mit mir!

DAS SPIEL ZWISCHEN TIERHALTER UND KATZE IST
ETWAS BESONDERES. ES MACHT SPASS UND WIRKT
HARMONISIEREND AUF DIE MENSCH-TIER-BEZIEHUNG.
DURCH SPANNENDE SPIEL- UND BESCHÄFTIGUNGS-
VORSCHLÄGE WERDEN AUS GELANGWEILTEN STUBEN-
TIGERN ZUFRIEDENE GEFÄHRTINNEN.

KATZEN
müssen spielen!

Auch wenn sie noch so verschmust sind, bleiben unsere Katzen Raubtiere, deren Lieblingsbeschäftigung das Jagen ist. Während Freilaufkatzen ihre Energie auf der Pirsch abbauen können, sind Wohnungskatzen auf Beschäftigungsmöglichkeiten im menschlichen Heim angewiesen. Sie verbringen einen Großteil des Tages mit Schlafen, Körperpflege und Nahrungsaufnahme, während ihre Artgenossen mit Freilauf ihr Territorium erkunden und etwa sechs bis acht Stunden pro Tag der Jagd nachgehen.

OUTDOOR-ERSATZ

In freier Wildbahn wird die Überlebenschance durch ständiges Lernen erhöht. Da den Wohnungskatzen dieses Intelligenztraining verwehrt bleibt, erlangt das tägliche Spiel mit dem Menschen eine enorme Bedeutung. Es können sogar Verhaltensprobleme entstehen, wenn das Bedürfnis der Tiere nach körperlicher Betätigung und geistiger Anregung nicht gestillt wird. Manche Stubentiger sind sehr erfinderisch, angestaute Energie abzubauen: In Ermangelung eines geeigneten Jagdobjekts werden die Beine von Frauchen oder Herrchen als Beute augewählt. Gar nicht so selten werden Tierhalter nachts vom wohlverdienten Schlaf abgehalten, wenn beim Stubentiger Langeweile aufkommt. Spiel- und Beschäftigungsprogramme für Katzen bekommen daher immer mehr Bedeutung in der Mensch-Tier-Beziehung.

Info

STIMMUNGSBAROMETER

Das Spiel kann als Indikator für das Wohlbefinden eines Tiers herangezogen werden. Katzen, die unter Stress stehen, spielen weniger beziehungsweise gar nicht mehr.

SCHNELLE MÄUSE UND LEICHTE FEDERN

Spielangeln gibt es in verschiedenen Ausführungen mit unterschiedlichen „Beutetieren", mit Lederschnüren oder Plüschbändern. Spielangeln kann man auch selbst basteln: Nehmen Sie einen längeren Stab mit einer Schnur (kein Gummiband wegen der Verletzungsgefahr) und knoten Sie ein Spielzeug ans Ende. Dafür eignen sich Fellmäuschen, Bälle, kleine Plüschoder Filztierchen, Federn, Korken oder Ähnliches.

HAUPTSACHE, ES ZAPPELT

Alles, was sich bewegt und erlegt werden kann, ist äußerst spannend für Katzen. Spielangeln eignen sich gut, um den Jagdtrieb anzuregen; außerdem bieten sie Mensch und Tier eine tolle Möglichkeit, miteinander zu spielen. Schnelligkeit, Fitness und Reaktionsfähigkeit sind vonseiten der Jägerin gefragt, während der Mensch Engagement und Einfühlungsvermögen mitbringen muss. Besonders bei Beutefangspielen ist Fingerspitzengefühl gefragt, da der Tierhalter eine Beute imitieren soll. Zuallererst sollte das Objekt der Begierde die richtige Größe haben: Die meisten der Katzen lieben kleine Gegenstände und schrecken vor großen Spielobjekten zurück. Ein Objekt in der Größe einer Fellmaus ist bei den meisten Stubentigern beliebt. Bei Federn ist es umgekehrt, je imposanter die Feder ist, desto größer das Jagdinteresse.

ABWÄGUNGSSACHE Die Koordination zwischen Erkennen und Einschätzen der Beute und der Wahl der Fangtechnik entscheiden über Erfolg oder Misserfolg bei der Jagd. Auch hier macht Übung den Meister.

FLUCHTVERSUCHE

Ein weiterer wichtiger Faktor ist die Bewegung. Die „Beute" muss sich verstecken, fliehen, Haken schlagen, hüpfen, zappeln und zucken, sonst wirkt sie nicht echt. Bewegen Sie Fellmäuse oder ähnliches Getier von der Katze weg und nicht auf sie zu. Spielangeln mit Bändern sollten sich über den Boden schlängeln wie Schlangen oder Blindschleichen; Federangeln sollten durch die Luft fliegen und vom „Himmel" zu angeln sein. Grundsätzlich gilt: Alles, was sich von der Katze wegbewegt und fliegt, kriecht, zappelt, springt oder rollt, spornt sie zur Jagd an. Wildes Hantieren mit der Angel vor dem Katzengesicht irritiert das Tier allerdings, vermiest die Spielfreude und wird als eventueller Angriff empfunden.

Info

KATZENAUGEN

Die Augen eines Raubtiers sind auf die Wahrnehmung von Bewegung und Entfernung spezialisiert – das ermöglicht eine rasche Fixierung des Beutetiers. Unbewegliche Objekte in derselben Entfernung können von der Katze nur schlecht unterschieden werden.

EXPERTENTIPP Spielangeln sind ein tolles Mittel, um Ihre Katze zu beschäftigen. Beim Katzenvolk sind Federangeln am beliebtesten, denn sie sind der perfekte Vogelersatz. Wird die Angel bewegt,

DURCHTRAINIERT Zum Erhalt der schlanken Linie und der körperlichen Fitness gehören regelmäßige Aktivitäten für kastrierte Wohnungskatzen zum Pflichtprogramm. Er hat einen echten Waschbrettbauch!

HÖHENFLÜGE Mit vollem Einsatz versucht die Katze das Flugobjekt zu fangen.

VOM HIMMEL GEHOLT Mit ausgefahrenen Krallen wird die Beute festgehalten.

SPRUNGGEWALTIG Sausen lassen und erneut hinterherspringen. Ein tolles Spiel!

rotieren die Federn am Ende der Schnur und erzeugen dabei Flattergeräusche. Ein zusätzlicher Pluspunkt ist, dass bei den meisten dieser Spielangeln die Federn nachgekauft und ausgetauscht werden können. Wenn die Federbüschel an der Angel tanzen, ist Mieze nicht mehr zu halten, und dabei kommt so manche Feder unter die Krallen. Die weniger aktiven Katzenhalter können die Spielangel auch vom Sofa aus bewegen, während die Sportfans gemeinsam mit ihrem Stubentiger durch die Wohnung tollen.

ZAUBERSTAB

Auch Spielwedel gibt es in vielen Variationen, entweder sind Lederbänder oder Federn an der Spitze befestigt oder Plüschbälle mit Katzenminzeduft. Dieser Stab eignet sich gut für interaktive Spiele zwischen Mensch und Katze. Dabei kann sich der Katzenhalter auch bequem aufs Sofa setzen und mit seinem Stubentiger spielen. Viele Katzen, besonders scheue, lieben es von oben herab – vom Kratzbaum, Regal oder einem anderen Versteck – nach dem Spielwedel zu pföteln. Besonderen Spaß macht es auch, wenn der Fellball am Stab unter der Bettdecke oder einem Teppich verschwindet und nach der unsichtbaren Beute gejagt werden kann.

EXPERTENTIPP Bei Spieltests mit mehreren Katzen hat der Spielstab mit den Catnip-Plüschbällen ausgezeichnet abgeschnitten. Das Spielobjekt motiviert Stubentiger nicht nur zu ausgelassenen Jagdspielen, sondern leistet wertvolle Hilfe bei Fitnessübungen (Lesen Sie bitte auch „Stubentiger-Fitness" auf Seite 59f.).

LANGE FINGER

Gerade bei Jagdspielen laufen Menschen-
hände Gefahr, mit der Beute verwechselt
zu werden. Bei diesem Handschuh mit
überlangen Fingern und ausziehbaren
Pompombällen an den Spitzen bleibt
genügend Abstand zwischen Hand und
Krallen. Die Finger des Handschuhs
sind verstärkt und somit gut zu bewegen.
Im Zoofachhandel gibt es diesen Handschuh auch mit bunten Stoffinsekten an
den Enden.

EXPERTENTIPP Nicht alle Katzen können sich gleich mit diesem Spielobjekt
anfreunden. Besonders schüchterne oder
ängstliche Tiere benötigen etwas Zeit
und sind dankbar, wenn sie den Handschuh vor dem Spiel in Ruhe untersuchen
und beschnuppern dürfen. Da die „Finger" mit Draht verstärkt und die Spielobjekte an Gummibändern befestigt sind,
ist während des Spiels besondere Sorgfalt
geboten. Achten Sie darauf, dass keine
Drahtspitzen herausragen, an denen sich

**UNWIDERSTEHLICH Dieses Spielzeug ist mit
Catnip-Kräutern und Raschelfolie gefüllt.**

das Tier verletzen könnte, und die Katze
keine Gelegenheit erhält, an den Gummibändern herumzukauen. Nach dem
Spielvergnügen sollte der Handschuh
weggeräumt werden.

**COOLER HANDSCHUH Die verstärkten Finger
lassen sich gut bewegen. An den Spitzen
sitzen vier ausziehbare Plüschbälle.**

ERST SPIELEN, DANN SCHMUSEN Nachdem der Kater lang gespielt und sich ausgetobt hat, freut er sich über eine Schmusestunde mit seinem Frauchen. Er weiß eben, was gut ist!

CAT DANCER®

Auf den ersten Blick wirkt das Spielzeug Cat Dancer® (Bezugsquelle finden Sie im Serviceteil am Ende des Buches) aus den USA recht unscheinbar: ein biegsamer Draht, an dessen Ende eine Kartonrolle befestigt ist. Wenn Sie jedoch den Draht locker zwischen Ihren Fingern halten, schwebt und federt er auf und ab. Bewegen Sie das Spielzeug etwas, tanzen und surren die Kartonrollen wie Insekten durch die Luft. So wird auch Ihr Stubentiger zum „Catdancer" und zeigt sich von seiner sprungfreudigsten Seite.

EXPERTENTIPP Auf den ersten Blick sieht dieses einfache Spielobjekt nicht besonders ansprechend aus, ist jedoch bei den Katzen sehr beliebt. Aufgrund der Materialbeschaffenheit muss es nach Gebrauch katzensicher verstaut werden.

KATZEN-SPORT

Gerade Wohnungskatzen sind nicht so aktiv wie ihre frei laufenden Artgenossen und finden auch weniger Abwechslung im Alltag, sodass viele Tiere aus Langeweile mehr fressen. Daher brauchen unsere Stubentiger mehr Bewegung. Denn wer aktiv ist, bleibt in Form und bekommt nicht so schnell Figurprobleme. Wollen Sie zwei Fliegen mit einer Klappe schlagen? Wie wär's mit Katzenfitness? Sie sorgen für Bewegung und haben zusammen Spaß. Nebenbei stärken Sie beide Ihre Muskeln, fördern Kondition und Koordination und bauen den täglichen Stress ab. Haben Sie Lust auf eine Trainingseinheit à la Katze bekommen? Dann setzen Sie sich auf den Boden, winkeln die Beine an, nehmen den Federwedel in die Hand und los geht's!

TURNGERÄT MENSCH

Zeigen Sie Ihrer Katze den Spielwedel und führen Sie ihn langsam vom Tier weg, lassen Sie ihn kurz hinter Ihrem Rücken verschwinden, um ihn dann auf der anderen Seite wieder auftauchen zu lassen. Spätestens jetzt ist die Jagdleidenschaft Ihres Stubentigers geweckt und Sie können richtig loslegen. Zum „Warm-up" darf Ihre Katze Sie umkreisen. Das funktioniert am einfachsten, wenn Sie mit dem Katzenwedel einen Kreis um Ihren Körper ziehen und das Tier dem Spielobjekt folgt. Anschließend ziehen Sie den Spielwedel unter Ihren aufgestellten Beinen durch, damit die Mieze durch den „Beintunnel" kriecht. Besonders sportliche Stubentiger springen dem Katzenwedel über Ihre Beine hinterher, machen Männchen auf der Jagd nach dem Ball oder vollführen andere akrobatische Leistungen. Wird Mieze müde, gibt es eine Schmusepause auf Ihrem Schoß.

GIB HER Der über das Parkett wirbelnde Federstab lockt selbst schüchterne Tiere aus der Reserve.

MACH MAL PAUSE

Nach so intensiven Powerspielen ist eine Regenerationsphase angesagt. Die meisten Katzen bevorzugen die Abendstunden für wilde Spiele, und so kann man von übermütigen Toberunden gleich zur Schmuse- und Streichelstunde übergehen. Wie wäre es mit einer Massage für Ihren Spitzensportler? Wenn Sie mit sanften Fingerkuppen über Kopf, Ohren und Rücken Ihrer Katze streicheln, wird sie sicher bald zufrieden schnurren. Vielleicht angelt sich Ihre Samtpfote nach dem Training lieber einen Snack aus dem Futternapf, um sich danach ein verstecktes Plätzchen zum Ausruhen zu suchen.

EXPERTENTIPP Gehen Sie das Spiel langsam an und starten Sie mit einer Aufwärmrunde. Die Spieleinheiten sollten nicht länger als 10 bis 15 Minuten dauern, abgestimmt auf die Kondition Ihres Tieres. Katzen lieben Beutespiele, wechseln Sie deshalb öfter mal das Spielobjekt oder gestalten Sie den Spielablauf anders als sonst. Gönnen Sie Ihrem Stubentiger etwas Jagdglück und lassen Sie ihn die Beute nach zwei bis drei Versuchen erwischen. Zeigt Ihre Katze Ermüdungserscheinungen oder lässt das Interesse nach, sollten Sie das Spiel beenden. Idealerweise lässt man das Spiel gemächlich ausklingen, bevor die Katze den Spaß daran verliert. In der Praxis heißt das: Das Spielobjekt wird langsamer, bis Sie die Bewegung und somit das Spiel stoppen. „Game over" heißt es übrigens auch, wenn Sie keine Lust mehr haben. Katzen sind sensible Lebewesen, die Stimmungen aufgreifen und einschätzen können, ob Sie mit Herz bei der Sache sind.

[a] WARM UP Sport beginnt immer mit einem Warm up. Willow läuft erstmal durch die angewinkelten Beine von Frauchen hindurch.

[b] WARMLAUFEN Danach folgen mehrere Runden, immer dem Federwedel hinterher.

[c] + [d] SPRUNG UND MÄNNCHEN Nun wird das Training gewagter, der Federstab schneller. Sprünge und Aufrichten gehören zur wilden Jagd fitter Katzen dazu.

[e] COOL DOWN Nach 10 Minuten sollten Sie das Spiel beenden. Die Katze darf die Beute fangen und stolz ein Päuschen einlegen.

61

ABSCHLAG Vom Stuhl lässt sich der Federwedel leicht mit beiden Pfoten abschlagen.

KOPFÜBER Verschwindet die Beute unter der Sitzfläche, wird kopfüber danach geangelt.

ENG UMSCHLUNGEN Tanzt der Federwedel um die Stuhlbeine, beginnt die wilde Jagd.

SLALOMLÄUFER

Gerade junge und aktive Katzen sind ausgesprochen bewegungsfreudig und möchten gefordert werden. Mit einem Katzenwedel können Sie Ihr Tier auch durch diese Fitnessübung führen. Stellen Sie einen Stuhl in den Raum und lassen Sie die Katze auf die Sitzfläche springen. Das geht am besten, indem Sie sie mit dem Katzenwedel locken. Dann wird mit

TORWART Mit Enthusiasmus wird der Tischtennisball gekonnt gehalten. Er wäre reif für die Bundesliga!

den Pfoten nach dem Spielwedel geschlagen und geboxt, zum Aufwärmen sozusagen. Lassen Sie nun das Bällchen am Katzenwedel immer wieder an den Stuhlbeinen hinuntergleiten und unter der Sitzoberfläche verschwinden. Es wird nicht lange dauern, bis Ihr Stubentiger kopfüber nach der Beute angelt und anschließend auf den Boden springt. Dann geht es weiter im Slalom um die Stuhlbeine auf der Jagd nach dem Plüschball. Macht es sich die Katze unter dem Stuhl gemütlich, sollten Sie die Übung beenden. Und nicht vergessen, am Schluss darf sie die Beute fangen, denn das macht die Mieze glücklich und motiviert sie für den nächsten Slalomlauf.

KATZENFUSSBALL

Sie benötigen einen Ball und gute Kondition. Katzen lieben es, wenn sich der Mensch auf gleiche Augenhöhe begibt. Wenn es Ihre körperliche Fitness erlaubt, begeben Sie sich auf den Boden, für weniger Sportbegeisterte kann auch auf dem Bett oder dem Sofa gespielt werden. Die Katze befindet sich vor der Wand oder einer Zimmerecke, als Tormann gewissermaßen. Rollen Sie nun den Ball auf das Tor zu. Ihr Torwart wird gekonnt auf den Ball zuhechten und ihn sicher halten, eventuell spielt er Ihnen einen Pass zu. Sie werden erstaunt sein, wie geschickt Ihre Katze die Flugbahn berechnet; einen gezielten Elfmeter zu platzieren wird ganz schön schwer.

BALLGEFÜHL Auch im Liegen hat der Kater gute Chancen, den Ball zu fangen.

[a]

[b]

[c]

[a] TASTVERGNÜGEN Ein Catnip-Mäuschen unter dem Tuch, lässt keine Katze kalt.

[b] AUSGRABUNGEN Mit Geschick und Ausdauer versucht sie, an die Beute zu gelangen.

[c] MIT SPITZER KRALLE Nun hebt sie das Tuch mit den Krallen an.

[d] ECHTE SCHÄTZE Eine Holzperlenkette verspricht großes Tastvergnügen und verursacht rasselnde Geräusche unter dem Tuch.

[e] GANZ SCHÖN ANSTRENGEND Auch geistige Beschäftigung fordert Energie und macht muntere Katzen müde.

[d]

[e]

SQUASH FÜR TOPATHLETEN

Manche Katzenrassen, wie Siam, Burma oder auch Maine Coon, zählen zu den Topathleten und brauchen daher die sportliche Herausforderung. Beim Katzen-Squash lassen Sie einen Flummie oder Softgummiball immer wieder auf den Boden springen oder werfen ihn gegen die Wand, während Ihre Katze versucht, ihn zu erbeuten. So haben aktive Tiere die Möglichkeit, sich auszutoben und ihre Koordination zu schulen.

GEHT ES LOS? Katzen sind Gewohnheitstiere und stellen sich auf feste Spielzeiten ein.

Info

SPIELZEITEN

Eine Freilaufkatze wird wahrscheinlich weniger Spielzeit einfordern als eine Wohnungskatze, dennoch schätzt sie das Spiel mit ihrem Menschen.

FANG MICH DOCH!

Viele Katzen lieben es, Fangen und Verstecken zu spielen. Durch wilde Galoppsprünge in seitlicher Körperhaltung und erhobenem Schwanz wird der Mensch aufgefordert, die Verfolgung aufzunehmen. Wenn Sie Ihrer Katze ein besonderes Vergnügen bereiten wollen, dann gönnen Sie ihr einen Vorsprung, überholen Sie nicht und „finden" Ihre Mieze nicht sofort in ihrem Versteck. Oder Sie drehen den Spieß um und jagen Ihre Katze durch die Wohnung. Bewegung fördert nicht nur Ausdauer und Fettverbrennung, sondern unterstützt auch die Verdauung.

FLIEGENDER TEPPICH

Jagd- und Tastspiele nach einer unsichtbaren Beute haben einen besonderen Reiz. Die Pfoten ertasten einen Gegenstand oder spüren dessen Bewegung, doch die Katze kann ihn nicht sehen. Die Spannung ist groß, denn zuerst muss ein Hindernis bewältigt werden, bis der unsichtbare Schatz zum Vorschein kommt. Dieses Spiel können Sie beliebig variieren. Legen Sie einen kleineren Teppich oder einen Läufer auf den Boden und bewegen Sie einen Katzenwedel darunter. Oder binden Sie einen Korken an eine Schnur und ziehen diesen langsam unter dem Teppich oder einer Decke hindurch. Oder verstecken Sie eine Katzenminzemaus unter dem Teppich … Ihrer Fantasie sind keine Grenzen gesetzt.

KATZEN UND KINDER

Auch im Kinderzimmer gibt es für Katzen einiges zu entdecken. Bälle, Bänder oder kleine Figuren sind leichte Beute für flinke Katzenpfoten und werden schnell entwendet. Nicht zu kleine und massive Kunststofffiguren in Reih und Glied oder im Slalom aufgestellt ergeben einen Parcours für die Katze. Wenn dann noch einige Trockenfutterhäppchen ausgelegt werden, findet der Stubentiger auch den richtigen Weg. Vergessen Sie bitte nicht, die Zusatzhäppchen von der Tagesration abzuziehen, sonst wird Mieze zu dick!

EXPERTENTIPP Katzen spielen gern mit Kindern, wenn diese gelernt haben, einige Regeln im Umgang mit dem Tier zu akzeptieren. Durch gemeinsame Spiele wird die Beziehung zwischen Kind und Katze gefestigt. Bitte vergessen Sie jedoch nicht, dass grundsätzlich Spiele zwischen Kindern und Tieren immer von einem Erwachsenen beaufsichtigt werden sollten.

SICHER SPIELEN

Prüfen Sie die Spielsachen für Ihre Katze mit derselben Sorgfalt wie für Ihr Kind. Gerade im Kinderzimmer gibt es eine Menge an Dingen, die für Katzen gefährlich sein können. Achten Sie darauf, dass die Objekte, die für das Spiel mit der Katze verwendet werden, eine gewisse Größe haben und somit nicht vom Tier verschluckt werden können. Gummiringe, Wolle, Murmeln, kaputte Luftballons, Knetmasse, spitze Gegenstände oder Ähnliches sind für Katzen tabu. Erklären Sie das auch Ihrem Kind, damit es sicher zum richtigen Spielzeug greift.

Checkliste

SPIELREGELN FÜR KIDS

So macht deiner Katze das Spiel Spaß:

- [ ] **Katzen sind kein Spielzeug. Behandle deine Katze so, wie du behandelt werden möchtest.**

- [ ] **Katzen mögen keine groben und lauten Spiele.**

- [ ] **Absolut verboten: am Schwanz oder am Fell ziehen. Das tut der Katze weh und sie wird sich mit ihren Krallen wehren.**

- [ ] **Wenn deine Katze schläft, wecke sie nicht zum Spielen auf.**

- [ ] **Nach dem Fressen braucht deine Katze Ruhe. Warte, bis sie ausgeschlafen hat.**

- [ ] **Blicke deiner Katze nicht starr in die Augen. Katzen empfinden dies als unhöflich; blinzle sie lieber an.**

- [ ] **Murmeln und kleine Spielsachen könnten von deiner Katze verschluckt werden. Räume deine Spielsachen daher immer „katzensicher" weg.**

- [ ] **Wenn deine Katze plötzlich nicht mehr spielen will und sich abwendet, ist euer Spiel zu Ende.**

- [ ] **Wenn du deine Katze streicheln möchtest, dann warte damit, bis euer Spiel vorbei ist. Wenn du dein Tier während des Spielens streichelst, kann sie dies für ein Raufspiel halten und dich dabei aus Versehen kratzen.**

SPIELIDEEN
aus dem Alltag

VERWÖHNEN SIE IHRE KATZE GERN MIT NEUEN SPIELSACHEN? DANN SOLLTEN SIE EINMAL IHREN HAUSHALT DURCHGEHEN UND ALLTAGSGEGENSTÄNDE MIT KATZEN-AUGEN BETRACHTEN. SO FINDEN SIE SICHER-LICH SPANNENDE BESCHÄFTIGUNGSIDEEN UND SPIELOBJEKTE, VÖLLIG KOSTENLOS.

PAPIERWELTEN
rascheln & knistern

ES RASCHELT IM KARTON

Sie benötigen eine große Schachtel, Seidenpapier oder Luftschlangen und ein Fellmäuschen. Wählen Sie eine Box aus, in der Ihre Katze genügend Platz hat. Schneiden Sie nach Belieben kreisförmige oder viereckige Öffnungen in den Karton, die als Ein- und Ausgänge oder Fenster dienen. Der Boden der Katzenabenteuerwelt wird mit zusammengeknülltem

BOXENSTOP Das Kätzchen ist der König der Kiste. Bequem sitzt es darin und beobachtet die Umgebung.

Seidenpapier ausgelegt, Sie können darunter ein bis zwei Fellmäuschen verbergen. Alternativ können Sie den Boden der Schachtel auch mit abgerollten Papierschlangen bedecken und die Mäuschen in dem Wirrwarr aus Papierstreifen vergraben. Der raschelnde Untergrund und die verborgenen Spielobjekte sprechen den Tastsinn an und motivieren zur Jagd. In dem Karton kann sich die Katze hervorragend verstecken oder mit Artgenossen toben und balgen.

EXPERTENTIPP Die in die Pappe geschnittenen Öffnungen dürfen keine scharfen Kanten aufweisen, damit sich Ihre Katze nicht verletzen kann. Auch Obstkisten aus Karton sind bei Stubentigern sehr beliebt. Wenn die Ball- oder Mäusesuche darin keinen Spaß mehr macht, dient die Kiste als äußerst gemütlicher Schlafplatz.

TASTBOXEN

Nicht nur Boxen in XL-Format lassen sich für die Beschäftigung des Stubentigers verwerten, auch ein kleiner Schuhkarton kann für ein spannendes Angel- und Tastspiel verwendet werden. Schneiden Sie in die Seitenwände und in den Deckel kleine Öffnungen hinein. Nehmen Sie einen größeren Eierbecher als Schablone, damit können Sie exakte

ES RASCHELT IM KARTON Eine Kiste und ein zusammengeknülltes Stück Papier. Kleiner Aufwand, große Freude, denn damit können sich viele Katzen stundenlang beschäftigen.

Kreise zeichnen, die Sie anschließend ausschneiden. Die Löcher sollten so groß sein, dass Ihre Katze bequem mit den Pfoten hineinfassen und nach Spielobjekten angeln kann. Anschließend können Sie die Box mit den Lieblingsspielsachen befüllen, zum Beispiel Mäuse, Bälle oder anderes. Ihre Katze kann nun richtig loslegen und die Geschicklichkeit ihrer Pfoten unter Beweis stellen.

Info

KATZENPFOTEN

Katzen sind äußerst geschickt, wenn es darum geht, aus schmalen Ritzen und engen Löchern Mäuschen zutage zu befördern. Nicht nur die Pfoten leisten ganze Arbeit, sondern auch die äußerst beweglichen Zehen. Ist das Objekt der Begierde ertastet, wird mit den Krallen fest zugegriffen. Durch den Umhüllungsmechanismus bleiben die Krallen geschützt und sind immer scharf und einsatzbereit. In den Sohlenballen sitzen zudem die Pacinische Körperchen – kleinste Sinnesorgane –, die auf Tast- und Berührungsreize sowie kleinste Erschütterungen und Vibrationen reagieren.

SEIDENBÄLLCHEN

Seidenpapier eignet sich nicht nur hervorragend, um einen raschelnden Untergrund für die Katze zu gestalten, man kann damit auch tolle Kugeln formen. Die federleichten Bälle können prima mit der Pfote angestupst und in die Luft befördert werden. Das ist eine einfache, aber effektive Art, den Stubentiger zu unterhalten. Schneiden Sie das Seidenpapier ungefähr in DIN-A5- bis maximal DIN-A4-große Bögen. Knüllen Sie diese zu kleinen Bällchen zusammen und werfen Sie sie in die Reichweite der Katzenpfoten – und der Spaß beginnt.

Eine andere Variante wäre es, einen Bogen Seidenpapier zur Hälfte zu falten und eine Trockenfutterkrokette oder ein Katzenspielzeug darunter zu verstecken. Ihr Stubentiger wird seine Pfoten nicht davon lassen können, bis das Seidenpapier in Fetzen fliegt und die Beute geborgen ist.

ANGEPIRSCHT UND AUFGELAUERT Bällchen aus zerknülltem Seidenpapier sind einfache, kostengünstige und beliebte Spielobjekte für jede Katze. Man kann sie erbeuten und in der Luft zerreißen.

GETASTET Unter dem Papier ist die Spielmaus tastbar.

AUSGEGRABEN Die unsichtbare Beute weckt den Jagdtrieb.

GEBORGEN Ist die Maus geborgen, ist das Spiel zu Ende.

ZAPPELTÜTE

Katzen lieben Papiertüten, ob groß, ob klein und ungeachtet ihres Aussehens. Tüten rascheln, knistern und sind wunderbar zum Stöbern und Verstecken geeignet. Verwenden Sie eine Papiertüte ohne Henkel oder eine, bei der Sie die Henkel vorher entfernt beziehungsweise durchgeschnitten haben. So vermeiden Sie, dass sich Ihr Tier beim Spielen in den Henkeln verheddert und sich verletzt. Legen Sie nun ein Mäuschen oder ein Katzenminzesäckchen in die Tüte und bewegen Sie dieses leicht hin und her. Schnell wird Miezes Neugier geweckt und sie wird nachsehen, was in der Tüte steckt. Noch mehr Spaß macht es, wenn Sie ein Aufziehspielzeug in die Tüte legen. Falten Sie die Tüte leicht zusammen oder drehen Sie sie so, dass Ihre Katze nicht gleich hineinschauen kann. Mal sehen, wie lange die Papiertüte ganz bleibt.

EXPERTENTIPP Manche Tiere haben mehr Spaß an der Verpackung als am eigentlichen Inhalt. Für andere ist das Innenleben jeder Tüte besonders spannend. Hier wird nicht nur die Spieltüte ausgeräumt und bearbeitet, sondern auch die Einkaufstüte mit Frauchens neuer Seidenbluse. In diesem Fall heißt es, Spieltüten zur Verfügung zu stellen und Taschen mit empfindlichem Inhalt lieber gleich katzensicher zu verstauen. Ihre Katze kann nämlich nicht zwischen erlaubter und verbotener Tüte unterscheiden.

EINFACH DUFTE

Nicht nur Hunde stehen auf Gerüche, auch Katzen lieben Düfte. Markierungen mit Urin oder Kot liefern Informationen über Artgenossen und den „Katzenverkehr" im Revier, Wohlgerüche von Blumen und Kräutern erfreuen die Katzennase und Witterungen von Beutetieren wecken den Jagdsinn. Während Freilaufkatzen täglich neue Duftbotschaften sammeln können, sind Wohnungskatzen auf ein ihnen bekanntes und begrenztes Umfeld angewiesen.

RASCHELLAUB MIT HERBSTFEELING Eine Box, mit buntem Herbstlaub gefüllt, verschafft der Katze ein Dufterlebnis der besonderen Art. Vielleicht findet sie noch Duftspuren von fremden Outdoor-Katzen?

DUFTKISTEN

Das Revier von Wohnungskatzen verändert sich kaum: Optische Eindrücke und Geruchserlebnisse sind oftmals auf ein Minimum beschränkt. Umso mehr Abwechslung bereiten Sie Ihrer Katze, wenn Sie von Spaziergängen, je nach Jahreszeit, duftende Mitbringsel mit nach Hause nehmen. Im Herbst bieten sich ein Potpourri aus bunten Blättern oder Kastanien an. Füllen Sie eine Schachtel damit und lassen Sie Ihren Stubentiger in einer spannend duftenden Abenteuerwelt Jagd auf Kastanien machen. Die Kastanien kann man wunderbar über den Boden rollen und sie laden zur Verfolgungsjagd ein. Auch Eicheln, Tannenzapfen, Holzstücke oder Steine eignen sich als kleine

Präsente für Ihre Katze. Viele Katzen sind auch von Blumensträußen und Wiesenkräutern fasziniert und lieben es, an den Blüten zu riechen.

EXPERTENTIPP Viele Gewächse sind für Haustiere giftig. Informieren Sie sich bitte vorab bei Blumenfachhändlern und Gärtnern, ob die Pflanzen für Tiere unbedenklich sind. Auch im Internet gibt es eine Datenbank, welche die für Katzen gefährlichen Pflanzen auflistet und beschreibt (Adresse siehe Serviceteil).

SCHNÜFFELN ERLAUBT

Es ist für Ihren Stubentiger unglaublich spannend, wenn Sie mit neuen Gerüchen nach Hause kommen. Alle Kleidungs-

DER DUFT DER GROSSEN WEITEN WELT Im Gegensatz zu Wohnungskatzen sind Tiere mit Freilauf täglich mit einer Vielfalt von Gerüchen und optischen Eindrücken konfrontiert.

stücke, die Sie unterwegs getragen haben, riechen interessant und bringen die große weite Welt in das heimische Revier. Sicherlich haben Sie auch schon beobachtet, dass Ihre Katze Sie ausgiebig beschnuppert, wenn Sie vom Einkaufen zurückkommen, und mit viel Interesse den Einkaufskorb durchstöbert. Reagieren Sie nicht ungehalten auf ihre Neugier und gestatten Sie ihr die Duftkontrolle.

Sehr beliebt sind leere Teebeutel oder leere Kräuterteepackungen sowie andere kleinere Lebensmittelkartons. Ein kleines Fellmäuschen oder eine Trockenfutterkrokette darin versteckt und Ihr Stubentiger ist während der nächsten Stunde unabkömmlich.

KISSENRAUSCH

Katzen verbringen einen Großteil des Tages mit Dösen und Schlafen. Sie lieben es, sich auf einer wohligen Unterlage zu entspannen. Ein besonderes Highlight bietet ein mit etwas Katzenminze betupftes Ruhepolster. Durch den betörenden Duft verfällt Ihre Katze in einen rauschähnlichen Zustand. Sie rollt sich von einer Seite auf die andere und es wird geknabbert, geleckt und gesabbert. Das Katzengesicht nimmt dabei verzückte Züge an, bis der Spuk nach etwa 10–15 Minuten vorbei ist und die Mieze sich wieder normal verhält. Dasselbe Vergnügen bereiten auch kleine Jutesäcke, die mit Katzenminze gefüllt sind, oder Stoffsäckchen, die Baldrian enthalten.

BLUMENGRÜSSE Viele Katzen fühlen sich von duftenden Blumen magisch angezogen. Pflanzen sollten daher immer auf ihre Ungefährlichkeit für Heimtiere überprüft werden.

EXPERTENTIPP Nicht alle Katzen sprechen auf den Duft von Katzenminze an. Auch Baldrian und einige andere Pflanzen können eine rauschähnliche Wirkung auf die Tiere haben. Manche Katzen reagieren in ihrer Ekstase auch gereizt und angriffslustig. Wenn Sie dies bei Ihrem Stubentiger bemerken, sollten Sie ihn während des Katzenminze-Schnüffelns und kurz danach in Ruhe lassen. Damit sich das Aroma von Catnip-Kissen und -Mäusen lange hält, sollten Sie die Spielsachen

DUFTE MÄUSE Spielmäuse gibt es aus verschiedenen Materialien. So findet jedes Tier seine Lieblingsmaus.

anschließend luftdicht verpacken und an einem kühlen, dunklen und trockenen Ort aufbewahren. Da die Tiere in der Katzenminze- oder Baldrianekstase stark speicheln, sollte man Materialien auswählen, die pflegeleicht und waschbar sind. Auch ein Stofftaschentuch oder ein alter Stoffrest kann mit einem Catnip-Spray besprüht und als Schnüffelspielzeug eingesetzt werden.

NEUGIERIGE NASEN

Katzen sind sehr an ihrer Umwelt interessiert und die Neugier scheint ihnen in die Wiege gelegt worden zu sein. Meine Katzen waren bisher alle furchtbar neugierig und mussten alles und jeden ausgiebig untersuchen. Wie neugierig ist Ihre Katze? Machen Sie doch einfach einen Test. Stellen Sie einen größeren Behälter auf, werfen Sie ein Raschelmäuschen hinein. Oder Sie knien sich vor die Couch oder den Sessel und schauen interessiert darunter. Wetten, dass Ihre Mieze bald angeflitzt kommt, um nachzusehen, was Sie Spannendes entdeckt haben?

MAL RIECHEN? Auch Tulpen sind für Katzen giftig. Riechen erlaubt, Fressen verboten!

EXPERTENTIPP Dieses einfache Spiel bedarf keiner Vorbereitungszeit und Sie können es jederzeit anwenden. Sie unterbrechen so die Routine des Alltags und bringen etwas Ablenkung in das Leben Ihres Stubentigers.

Info

GERUCHSSINN

Im Vergleich zum Menschen mit 5 bis 20 Millionen Geruchszellen ist die Katze mit 60 bis 65 Millionen viel geruchsempfindlicher und uns um ein paar „Nasenlängen" voraus. Durch geringste Konzentration geruchsaktiver Moleküle wird der Geruchssinn der Katze angesprochen. Nicht nur auf der Suche nach Beute wird Duft aufgenommen, sondern vor dem Verzehr von Nahrung sowie bei sozialen Kontakten mit Artgenossen und Menschen. Jagd, Orientierung, Kommunikation zwischen Individuen und Erkennen von bekannten Artgenossen erfolgen über diesen hoch entwickelten Sinn.

LICHTSPIELE

An der Mauer tanzende oder über den Boden huschende Lichtpunkte einer Taschenlampe faszinieren fast alle Katzen. Sie lieben es, die vermeintliche Beute zu jagen, und hetzen dem Lichtball hinterher. Anfangs macht dieses Spiel noch Spaß, doch bald ist die Katze enttäuscht, wenn sie die Erfahrung macht, dass der Lichtpunkt nicht greifbar ist. Daher sollten Sie den Lichtstrahl nach einigem Hin und Her auf ein Spielzeug oder ein Leckerli lenken und Ihrer Mieze ein Erfolgserlebnis verschaffen.

SPOTLIGHT Ist die begehrte Beute nicht erreichbar, kann sich Jagdlust in Jagdfrust verwandeln.

EXPERTENTIPP Hektisch bewegte Taschenlampen und dadurch hin und her blitzende Lichtstrahlen irritieren die Katze und vermiesen das Vergnügen. Machen Sie aus diesem Spiel kein Hetzspiel und überfordern Sie Ihr Tier nicht. Richtig ist es, den Strahl der Taschenlampe in einem durchschnittlichen Tempo hin und her zu bewegen, innezuhalten und vielleicht hinter dem Sofa verschwinden zu lassen. Achten Sie bitte darauf, dass Sie Ihrer Katze nie direkt in die Augen leuchten. Laserpointer sind tabu, weil das Katzenauge durch den Strahl geschädigt werden kann.

PFOTENTRAINING

Katzenpfoten benötigen Herausforderungen: Sie wollen tasten, fischen, angeln und zugreifen. Gelangt man leicht an die ersehnte Beute, ist die Herausforderung gering. Erst, wenn Geschicklichkeit und Köpfchen eingesetzt werden müssen, ist es spannend.

TURMBAUTEN

Für dieses Spiel benötigen Sie mehrere leere Rollen von Toiletten- oder Küchenpapier, Seidenpapier, Fellmäuse oder Trockenfutterkroketten. Hier ist Kreativität gefragt und Sie können Ihrer Fantasie freien Lauf lassen. Kleben Sie mehrere leere Rollen, ganz wie es Ihnen gefällt, zu einem Turm, einer Mauer oder gar einer Pyramide zusammen. Wenn Sie gern basteln, können Sie den Rollen vor dem Zusammenkleben noch ein farbiges Outfit verleihen und sie mit ungiftigen Farben bemalen. Ist die Farbe der Turmbauten getrocknet, geht es an die Gestaltung des Innenlebens. Verschließen Sie einige Rollen auf einer Seite mit Seidenpapier, andere befüllen Sie mit Trockenfutterkroketten oder einem Fellmäuschen, während die übrigen leer bleiben.

EXPERTENTIPP Solche Spielideen erfordern keinen großen Aufwand und sind kostengünstig. Sie begeistern Katzen, weil die Röhren mit verschiedenen ungefährlichen Gegenständen oder Trockenfutterkroketten befüllt werden können. Eine ideale Beschäftigung für Katzen, die tagsüber allein sind, aber auch für mehrere Tiere. Für die ersten Durchgänge sollten Sie die Kroketten nicht zu weit in die Röhren schieben. Dadurch garantieren Sie Ihrem Tier einen schnellen Erfolg. Nach und nach darf es schwieriger werden und Mieze muss tiefer in die Röhre greifen, um an die Beute zu gelangen. Achten Sie jedoch darauf, dass das Jagdobjekt für die Katzenkrallen erreichbar bleibt. Manche Stubentiger gehen vorsichtig vor, manche sind recht stürmisch, sodass die Turmbauten kippen können. Ein Schuhkarton ohne Deckel, in den die Rollen gestellt oder geklebt werden können, garantiert Standfestigkeit.

WIE EIN ADVENTSKALENDER! Katzenpfoten wollen gefordert sein: In dieser Tastpyramide kann in den verschiedenen Öffnungen nach Objekten getastet und geangelt werden.

[a] FÜR EINSTEIGER Die erste Aufgabe sollte leicht und die Beute gut erreichbar sein.

[b] MEIN LECKERLI Werden die Kroketten nah an den Öffnungen platziert, stellt sich schnell ein Erfolgserlebnis ein.

[c] FÜR KÖNNER Es ist schon etwas für Fortgeschrittene, die Krokette aus dem Kreiselbecher zu fischen.

[d] IN DIE RÖHRE GEGUCKT Die Öffnung ist gerade groß genug, um einen Blick hineinzuwerfen und mit der Pfote zu tasten.

[e] ANS RECHTE LICHT GERÜCKT lässt sich das Leckerchen bequem fressen.

BEUTEROLLE

Für die Beuterolle brauchen Sie eine leere Küchenpapierrolle, Seidenpapier, ein Fellmäuschen oder Trockenfutterkroketten. Schneiden Sie eine viereckige Öffnung seitlich in den Karton einer Küchenpapierrolle, verschließen Sie die beiden Enden der Rolle mit Seidenpapier. Nun verstecken Sie ein Mäuschen oder mehrere Kroketten darin. Ihr Stubentiger wird die raschelnde und klappernde Rolle hin und her bewegen und die Öffnung der Rolle untersuchen. Bald sind die ersten Leckereien geborgen – ein neuer Anreiz für die Katze. Sie können den Schwierigkeitsgrad des Spiels variieren, indem Sie die viereckige Öffnung der Rolle mit etwas geknülltem Seidenpapier verschließen. Nun muss Mieze, um an die Kroketten oder das Mäuschen zu gelangen, das Hindernis beseitigen.

EXPERTENTIPP Beobachten Sie die Katze bei ihren ersten Angelversuchen, damit Sie sehen, ob sie diese Aufgabe auch bewältigen kann. Klappt es nicht, ziehen Sie das Seidenpapier leicht aus der Öffnung.

Info

FÜHLENDE TASTHAARE

Die Schnurrhaare auf der Oberlippe der Katze sowie die Haare über den Augen, an den Wangen und am Kinn werden als Vibrissen bezeichnet und reagieren bereits auf geringe Berührungen. Sie sind Orientierungshilfe bei Dunkelheit, messen die Breite von Schlupflöchern und signalisieren der Katze die exakte Stelle für den Tötungsbiss. Wird das Mäuschen gefangen und für die Kätzchen in das Katzenlager gebracht, so informieren die Schnurrhaare die Katze über ein eventuelles Verrutschen des Beutetiers zwischen den Zähnen.

PRALINENSCHACHTEL

Schokoladenpralinen finden sich in fast jedem Haushalt. Sind die Süßigkeiten aufgegessen, können Sie das saubere Innenleben der Pralinenschachtel hervorragend zu einem Katzenspielzeug umfunktionieren. Befüllen Sie einige Fächer mit Trockenfutterkroketten und lassen Sie Ihre Katze danach fischen.

Auch der Karton der Pralinenschachtel verspricht spannende Katzenspiele: Schneiden Sie eine Öffnung in den Deckel, legen Sie den Karton mit etwas Seidenpapier aus und verstecken Sie eine Spielmaus mit Glocke darin. Nun wird der Deckel wieder daraufgesetzt, kurz mit der Maus in der Pralinenbox geraschelt und Mieze ist bereit für die Jagd.

RASSELBANDE Das bei Kindern beliebte Überraschungsei lässt sich mit geringem Aufwand zum Katzenball umfunktionieren. Ein eingeschlossenes Steinchen oder ein paar Reiskörner machen das Ei zur Rassel.

HERUMGEEIERT Es eiert, bewegt und dreht sich, …

HÖHENFLÜGE …lässt sich per Pfote in die Luft schleudern …

PUNCHBALL …und rasselt bei Bewegung. Einfach prima!

Info

KEINE SCHOKOLADE

Bitte geben Sie Ihrer Katze niemals Schokolade. Das darin enthaltene Theobromin verursacht bei Tieren Erbrechen und Durchfall und kann zum Tod führen.

ÜBERRASCHUNGSEI

Wer nicht selbst mit Kinderüberraschung groß geworden ist, kennt die Schokoeier aus Spiel, Spaß, Spannung und Schokolade sicherlich von seinen Kindern oder Enkeln. Ist die Schokolade verzehrt, kommt ein eiförmiger Behälter mit einer Spielüberraschung zum Vorschein. Das gelbe Kunststoffei ist eines der beliebtesten Katzenspielzeuge. Mit Reiskörnern oder einer ungekochten Nudel befüllt, kann man es der Katze geben – und ab geht die Post! Das Rasselei wird durch die Gegend geschossen, mit den Pfoten betastet und hin und her geschoben.

EXPERTENTIPP Das Überraschungsei steht bei jeder meiner Katzen auf der Top Ten der Lieblingsspielsachen ganz oben.

Besonders beliebt ist die Variante Ei mit Band. Öffnen Sie das Ei, machen Sie an einem Ende eines Geschenksbandes oder einer Kordel einen Knoten, legen Sie das Ende mit Knoten in das Ei und verschließen Sie es wieder. Den „Punchingball" können Sie nun am Katzenbaum befestigen oder als Angel hinterherziehen. Aus Sicherheitsgründen sollte Ihre Katze nicht unbeaufsichtigt damit spielen.

KATZENMOBILE

Nicht nur Kinder stehen auf Mobiles, auch Katzen finden es toll, wenn lustiges Spielzeug vor ihrer Nase herunterbaumelt. Sie benötigen ein paar Schnüre oder Bänder und einige Spielsachen oder andere katzentaugliche Objekte aus dem Haushalt. Befestigen Sie zum Beispiel ein Mäuschen, eine Seidenpapierkugel oder eine Feder an je einer Schnur. Die Bänder werden nun an eine Sessellehne gebunden. Der Sessel sollte schwer sein und so stehen, dass er nicht umkippen kann, wenn sich die Katze an das Mobile mit den Spielsachen hängt. Wenn Sie die Gegenstände in verschiedene Höhen hängen und darunter genügend Platz lassen, damit sich die Katze darunterlegen kann, wird das Spiel besonders reizvoll.

ALLES IM EIMER? Katzen sind neugierig und sogar der Wassereimer muss genauestens untersucht werden. Vielleicht schwimmen ja Fische darin oder man kann Wassertropfen angeln?

EXPERTENTIPP Soll das Katzenmobile für einige Zeit stehen bleiben, dann sollten Sie sich vergewissern, dass die Gegenstände fest angebracht sind und auch nicht von der Katze abgekaut und verschluckt werden können. Spielsachen, mit denen Sie das Tier nicht unbeaufsichtigt spielen lassen wollen, werden abgenommen.

WASSERSPIELE

Katzen gelten meistens als wasserscheue Wesen, doch es gibt auch einige „Wasserratten" unter den Miezen, die sich für Wasserspiele begeistern. Zimmerbrunnen sind nicht nur aus Gründen der Innengestaltung sehr beliebt, sondern verbessern auch das Raumklima. Während das langsame Plätschern des Zimmerbrunnens auf den Menschen entspannend wirkt, fühlt sich die Katze von den Geräuschen und Bewegungen des Wassers angezogen. Ein kleiner Softgummiball oder ein Kor-

ken, der auf den Etagen des Zimmerbrunnens schwimmt, vermag Ihren Vierbeiner für einige Zeit zu beschäftigen.

EXPERTENTIPP Da Katzen gern aus Brunnen trinken, achten Sie bitte auf Hygiene und eine optimale Wasserqualität. Auf die Verwendung chemischer Wasserzusätze sollten Sie dem Wohlbefinden Ihres Tieres zuliebe verzichten.

AUS DEM HAHN GETRUNKEN

Viele Katzen bevorzugen es, aus dem tropfenden oder laufenden Wasserhahn zu trinken, und können einige Zeit an der Spüle in der Küche verbringen. Die fallenden Wassertropfen werden genau beobachtet, manchmal schlagen sie mit der Pfote nach den Tropfen oder strecken sogar den Kopf unter den Wasserhahn. Sorgen Sie dafür, dass das Wasser weder zu heiß noch zu kalt ist.

LAUSCHANGRIFF

Mit raschelnden, knisternden und fiependen Geräuschen lässt sich jede Katze anlocken. Kein Wunder, denn Katzenohren sind immer in Bereitschaft, um selbst die leisen Geräusche einer Maus nicht zu verpassen. Die Ohrmuscheln sind perfekt konstruierte Schalltrichter, die unabhängig voneinander bewegt und auf eine Schallquelle gerichtet werden können. Besonders gut werden Hochfrequenzlaute empfangen, wie sie zum Beispiel von kleinen Nagetieren ausgestoßen werden. Neugierige Tiere, wie Katzen, lassen sich von Geräuschen anlocken. Rufen Sie Ihr Tier mit einer Raschelmaus oder indem Sie mit den Fingern auf der Tischplatte scharren. Es ist spannend, der Geräuschquelle im eigenen Revier zu folgen und zu erkunden, was gerade los ist und was der Mensch so treibt. Manche Katzen stehen auch auf Quietschmäuse und tragen sie den ganzen Tag durch ihr Revier.

Info

HERTZFREQUENZEN

Der Mensch hört bei bestem Hörvermögen bis zu 20 000 Hz. Die Katze ist Spitzenreiter mit einer Hörkapazität bis zu 70 000 Hz.

MIT GESPITZTEN OHREN Akustische Signale, wie raschelnde, kratzende oder quietschende Töne wecken die Aufmerksamkeit der Katze und animieren sie zur Beutesuche.

RASCHELWURM

Aus einer ausgedienten Baumwoll-
strumpfhose kann man mit wenigen
Handgriffen ein interessantes Katzenspielzeug machen. Schneiden Sie ein
Bein ab und befüllen Sie es mit Stoff-
resten, Seidenpapier und getrockneter
Katzenminze. Danach binden oder
nähen Sie das Bein an mehreren Stellen
ab beziehungsweise so zusammen, dass
kleine Segmente entstehen. Achten Sie
darauf, dass die nun entstandenen Teile
des Wurmes nicht zu prall gefüllt sind
und damit unhandlich für Katzenpfoten
werden.

Das ideale Spielzeug spricht alle Sinne an:
Augen, Nase, Ohren und Pfoten sowie
Krallen wollen gefordert werden!

HUNDESPIELZEUG Dieser Gitterball – eigentlich für
Hunde gedacht – bietet sich für tolle Tastspiele an.

Checkliste

**VORSICHT, GEFÄHRLICHES
SPIELZEUG!**

☐ Bälle und andere Spielobjekte sollten
eine bestimmte Größe haben, damit
sie nicht versehentlich verschluckt
werden.

☐ Das Spielzeug darf nicht scharf-
kantig sein oder im Eifer des Gefechts
splittern.

☐ Spielobjekte, die ihre Füllung verlieren, müssen ausgetauscht werden.

☐ Verzichten Sie auf kleine, leicht zu
verschluckende Teile bei Spielsachen
(leicht ablösbare Augen bei Spiel-
mäusen oder kleine Squeaker bei
Quietschtieren).

☐ Spielsachen sollten frei von giftigen
Farben und Beschichtungen sein.

☐ Bei Spielobjekten immer auf die
Eignung und Bissfestigkeit achten.

☐ Vorsicht bei Plastiktüten! Es besteht
Erstickungsgefahr, wenn Ihr Stubentiger sich darin verheddert.

☐ Lassen Sie Ihr Tier nie mit Gummi-
ringen, Wolle, Alukugeln, Nadeln,
Büroklammern, Lametta, Reißnägeln,
Luftballons oder Ähnlichem spielen.
Auch Laserpointer sind für das Spiel
mit der Katze tabu.

Intelligenz-
SPIELE

UNSERE KATZEN SIND NICHT NUR HERVORRAGENDE
ATHLETEN UND JÄGER, SIE SIND AUCH ZU ERSTAUN-
LICHEN DENKLEISTUNGEN FÄHIG. GEBEN SIE IHREM
STUBENTIGER DIE MÖGLICHKEIT, KÖPFCHEN ZU BE-
WEISEN. ER WIRD BEGEISTERT SEIN!

KLUGE KATZEN –
denken und tüfteln

Viele Katzenhalter sind sich einig, dass ihre vierbeinigen Lieblinge herausragende Eigenschaften besitzen und zu erstaunlichen Denkleistungen fähig sind. Da gibt es Katzen, die Türen öffnen, jede Leckerlidose knacken und über viele Kilometer nach Hause finden. Stubentiger verstehen es, ihre Menschen geschickt und unauffällig zu manipulieren. Sie interpretieren unsere Gefühle und wissen genau, wie es Frauchen oder Herrchen geht und wie sie gelaunt sind. So tritt Mieze bei schlechter Laune lieber den Rückzug an oder tröstet in traurigen Situationen.

DAS ABC DES LERNENS

Katzen lernen durch Beobachten und Nachahmen. Katzenwelpen schauen sich schon bei ihrer Mutter eine Menge ab. Sie lernen nicht nur das Jagen und die Benimmregeln unter Katzen, sondern auch den Gebrauch der Katzentoilette von ihrer Mama. Im Erwachsenenalter dienen oft Artgenossen als Vorbild. Leicht lernt die Katze, wie die Katzenklappe funktioniert oder wie die Schranktür zu den begehrten Leckerli aufgeht, wenn es ein Katzenkumpel vormacht.

TÜFTELBECHER Das Hütchen- oder Becherspiel fordert den Geruchssinn und bringt Miezes graue Zellen auf Trab. Mit unterschiedlichen Lösungsstrategien versucht das Tier an die begehrte Beute zu gelangen.

Info

BESCHÄFTIGUNG MACHT SCHLAU
Beschäftigen Sie sich täglich mit Ihrer
Katze! Die Lern- und Intelligenzleistungen
Ihres vierbeinigen Lieblings sind umso be-
eindruckender, je mehr Zeit und Liebe Sie
in die Mensch-Tier-Beziehung investieren.

FÜR FLOTTE HÜTCHENSPIELER

Für dieses Spiel benötigen Sie Trockenfutterkroketten und zwei Plastikbecher.
Stellen Sie die beiden Becher mit geringem Abstand vor Ihrer Katze auf. Nun
zeigen Sie ihr das Leckerli, das Sie unter
einem der beiden Becher verstecken.
Mieze wird interessiert zusehen und sofort mit der Bergung des Leckerbissens
loslegen. Besonders schüchterne Tiere
schnüffeln zuerst an den Bechern, die
selbstbewussten setzen gleich die Pfote
ein und versuchen, den Behälter durch
Anstupsen umzuwerfen. Hat Ihre Katze
die Aufgabe erfolgreich gelöst, können
Sie den Schwierigkeitsgrad erhöhen,
indem Sie die Krokette heimlich unter
einem Becher verstecken. Lassen Sie sich
überraschen, ob Ihre Katze zielstrebig
auf den Becher zugeht oder ob sie sich
langsam heranarbeitet.

EXPERTENTIPP Verwenden Sie für
dieses Spiel leichte Kunststoffbecher, damit Ihre Katze sie gut umstoßen kann.
Wenn Sie die leichten Becher gegen leere
hohe Joghurtbecher tauschen, erhöht sich
der Schwierigkeitsgrad des Spiels.

Ziehen Sie die im Spiel verwendete Tro-
ckenfuttermenge von der täglichen Futterration ab, sonst wird Ihr Stubentiger
zu dick.

SELBSTBEWUSST greift Bibi nach dem richtigen Becher und lüftet das Geheimnis.

MIT BELOHNUNG Ist der Becher gefallen, kann das
Leckerchen verzehrt werden.

KREISELBECHER Eine Krokette aus in einem gekippten Becher zu angeln, ist ganz schön schwierig, denn der Becher bewegt sich wie ein Kreisel und ist für das Tier schwer zu fixieren.

KREISELBECHER

Für diese Aufgabe brauchen Sie einen hohen Plastikbecher und ein Leckerli. Füllen Sie das Leckerli in den Becher und kippen Sie ihn auf die Seite. Wenn die Katze den Becher mit der Pfote anstupst, wird er sich wie ein Kreisel drehen und es

EINE EINDRUCKSVOLLE LÖSUNG Bibi hat einfach die Pfote in den Becher gesteckt und ihn hochgehoben.

ihr erschweren, den Leckerbissen zu ergattern. Manche Katzen wissen sofort, was zu tun ist und wie man an die Beute kommt. Diese Katze löste die Aufgabe innerhalb weniger Sekunden: Sie steckte die Pfote in den Becher und hob ihn hoch. Die Krokette kullerte heraus und wurde verspeist.

BECHERPARADE

Mit Kunststoffbechern kann man die Samtpfoten eine Zeit lang auf Trab halten. Für dieses Spiel werden unterschiedliche Becher verwendet: Einige haben einen wellenförmigen Rand, damit die Katze darunterschauen beziehungsweise das Leckerli riechen und eventuell tasten kann; andere schließen dicht ab und wiederum andere sind an einer Seite durchlöchert wie ein Sieb. Zum Aufwärmen wählen Sie einen Becher, legen das Leckerli vor den Augen Ihrer Katze darunter und lassen sie es herausfischen. In der nächsten Runde können Sie schon drei Becher aufstellen, wobei anfangs unter zwei Bechern ein Leckerli stecken sollte. Erhöhen Sie den Schwierigkeitsgrad langsam, indem Sie die Anzahl der Becher

Info

FARBEN SEHEN

Entgegen der langjährigen Annahme sind Katzen nicht farbenblind. Mittlerweile ist bekannt, dass Katzen die Grundfarben von Rot bis Grün sehen können, jedoch scheint das Farbensehen für Katzen eine untergeordnete Rolle zu spielen.

DARUNTER IST ES! Die Katze hat gut aufgepasst und findet den richtigen Becher mit dem Leckerchen.

erhöhen und die Zahl der Leckerli reduzieren. Die Becherprofis unter den Katzen mögen es, wenn Sie vor ihren Augen die Becher verschieben. Mal sehen, ob Mieze sich gemerkt hat, wo die Krokette steckt oder ob sie sich durch den Geruch zum richtigen Becher führen lässt.

EXPERTENTIPP Die Becherparade ist von den Krokettensuchspielen eine der schwierigsten Aufgaben. Die hier verwendeten Becher sind schwerer als Party- oder Joghurtbecher und weisen auch verschiedene Formen auf. Das Tier muss Köpfchen und Geschicklichkeit beweisen.

DENKARBEIT Katzen haben kurze Konzentrationszeiten und brauchen zwischen den Übungen Erholungspausen. Ausgeruht werden auch neue Lösungen ausprobiert und der Becher durch den Raum geschoben.

PING-PONG-PARTY

Tischtennisbälle sind aufgrund ihrer Eigenschaften sehr beliebt: Sie sind leicht und lassen sich gut per Pfote durch die Gegend schießen. Für dieses Intelligenzspiel benötigen Sie einen flachen Kunststoffbehälter aus der Küche. Legen Sie ein bis zwei Trockenfutterkroketten auf den Boden der Box und befüllen Sie diese mit einigen Tischtennisbällen. Es sollte genügend Platz vorhanden sein, damit Ihre Katze die Bälle verschieben kann und ohne großen Aufwand an die Leckerbissen kommt.

ERHÖHTER SCHWIERIGKEITSGRAD

Den Schwierigkeitsgrad steigern Sie, indem Sie die Box randvoll mit Tischtennisbällen füllen. Jetzt muss die Katze ganz schön wühlen, um an die Kroketten zu gelangen. Ist die flache Box für Ihre Katze keine Herausforderung mehr, können Sie auf einen höheren Behälter umsteigen. Legen Sie einige Kroketten oder den Lieblingsleckerbissen hinein und füllen Sie die Box mit Tischtennisbällen auf. Lassen Sie sich überraschen, wie Ihr Stubentiger diese Aufgabenstellung lösen wird.

EXPERTENTIPP Dies ist ein besonders beliebtes Spiel bei Katzen. Je nach Anzahl der verwendeten Tischtennisbälle oder nach Größe und Form des Behälters kann die Aufgabenstellung beliebig variiert werden. So bleibt das Spiel spannend, und wenn alle Kroketten erlegt sind, beginnt die Jagd auf die Bälle.

SESAM, ÖFFNE DICH!

Noch mehr Grips muss die Mieze einsetzen, wenn sie den Deckel eines Behälters öffnen muss, um an die Beute zu gelangen. Verwenden Sie dazu eine Kunststoffbox mit Deckel. Legen Sie ein Baldrian- oder Katzenminzekissen hinein und drücken Sie den Deckel nur leicht an. Die Katze muss noch die Chance haben, ihn selbstständig zu öffnen. Angelockt durch den einladenden Geruch wird die Katze zuerst versuchen, mit der Pfote einen Spalt zu finden, den sie dann unter Einsatz des ganzen Kopfes aufdrückt.

PING PONG Leichte Tischtennisbälle eignen sich für viele Spiele.

[a] FINGERZEIG Aufmerksam beobachtet Bibi den Hinweis auf das Leckerli.

[b] AUSGRABUNGEN Auf der Jagd nach der Beute werden Bälle beiseite geschoben oder auch aus dem Behälter befördert.

[c] GANZ SCHÖN SCHWER Eine Krokette aus einer hohen Box mit Bällen zu bergen, ist eine geistige Herausforderung.

[d] GEHT NICHT Angeln klappt nicht mehr.

[e] UMWERFEND Dann kippt sie die Box, die Bälle rollen heraus und das Leckerli ist greifbar.

DICKKOPF Mit dem Kopf wird diese Box mit Deckel geöffnet.

EINE PFOTE hält den Deckel, die andere greift die Beute.

RELAXED Nun wälzt er sich entspannt mit dem Duftkissen.

EXPERTENTIPP Bei schwierigen Aufgabenstellungen sollten die Spieleinheiten nur wenige Minuten dauern, da Katzen nur über kurze Konzentrationsspannen verfügen. Bei jedem Durchgang sollte sie ihre Beute beziehungsweise eine Krokette erhalten. Nur so ist sie erfolgreich. Ist dies nicht der Fall, wird sie bald das Interesse an der Aufgabe verlieren. Helfen Sie Ihrer Katze auf die Sprünge, bevor sie aufgibt. Bedenken Sie, dass Ihre Katze durch diese Übung recht geschickt wird und sich vielleicht auch an Kisten zu schaffen macht, die nicht für sie gedacht waren.

SPIELZEUG VOM BESTEN FREUND

Leben Sie auch mit Katze und Hund zusammen? Dann können Sie einige Hundespielsachen für Ihre Katze ausleihen. Im Zoofachhandel gibt es Gitterbälle in diversen Größen. Für Katzen verwenden Sie am besten einen kleinen oder mittel-großen Gitterball (siehe Foto auf Seite 86), abhängig von dem Spielobjekt, das Sie darin verstecken werden. Diese speziellen Bälle sind leicht und biegsam, und durch die Öffnungen kann das Tier die ganze Pfote stecken und nach der Beute tasten, fast wie in einem Mauseloch. Die Katze muss sich das Baldriankissen erst erarbeiten, bevor sie sich genüsslich daran reiben kann.

GESCHICKLICHKEITSSPIELE FÜR FLINKE PFOTEN

Spielsachen, die die geistige Fitness unterstützen oder den Bewegungsdrang fördern, sind bei fast allen Vierbeinern sehr beliebt. Es gibt Intelligenzspiele für Hunde, die aus verschiedenen Holzboxen bestehen, in denen Leckerli versteckt werden. Der Hund muss eine Klapptür öffnen oder einen Deckel hochziehen oder -drücken, damit er an das begehrte Leckerli kommt. Nicht nur unsere Hunde lösen diese Aufgabe mit Bravour, auch Mieze weiß, wie sie die Kästchen öffnen und sich die Beute holen kann.

KLAPPTÜR Drückt die Katze die Klapptür herunter, gelangt sie an die Kroketten.

AUFGEHEBELT Bibi hat den Deckel der Box mit dem Kopf nach oben gedrückt.

VERDIENT Auch Katzen sind bereit, sich einen Leckerbissen zu erarbeiten.

VERPACKTER SPASS

Für dieses Spiel brauchen Sie nicht viel, außer einem Tuch und einem Spielobjekt. Spielmäuse mit Katzenminzeduft, raschelndes Seidenpapier oder katzentaugliche Gegenstände eignen sich für dieses Spiel. Ein Geheimtipp ist eine Schnurr mit aufgefädelten großen Holzperlen, da diese durch den Stoff schön zu ertasten sind und auf dem Parkettboden Geräusche machen. (Siehe Fotos Seite 64). Legen Sie das Tuch über die Holzperlenkette und lassen Sie Ihre Katze danach pföteln und die Beute bergen.

TOLLE ROLLE

Breiten Sie ein Geschirrtuch auf dem Boden aus, legen einige Kroketten hinein und falten dann das Tuch zusammen. Ihre Katze wird Ihnen begeistert zusehen und sich an das Auspacken der leckeren Beute machen. Wenn Sie den Schwierigkeitsgrad erhöhen möchten, werden die Kroketten auf eine Seite des Tuchs gelegt und dieses anschließend wie ein Wrap zusammengerollt.

EXPERTENTIPP Das Spiel „Tolle Rolle" bedarf keiner Vorbereitung und belastet auch einen vom Arbeitstag müden Katzenhalter nicht. Bitte nicht vergessen, die Kroketten, die als „Beute" dienen, von der Futterration abzuziehen. Katzen verlassen sich auf ihren ausgezeichneten Geruchssinn. Wenn Sie Mieze Abwechslung bieten wollen, dann verstecken Sie nicht nur Leckerbissen, sondern auch etwas Duftendes. Ein Katzenminzemäuschen oder ein Baldriansäckchen unter dem Tuch bringen jeden Stubentiger auf Trab.

NICHT NUR FÜR MENSCHENKINDER Auf einer Krabbeldecke können Kätzchen erkunden, beobachten, jagen und somit ihre körperlichen und geistigen Fertigkeiten verbessern.

BUCKLIGE WELT

Katzen lieben Verstecke und Höhlen. Kleine Teppiche und Decken, die in Falten gelegt werden, schaffen eine tolle Erlebnislandschaft für Katzen. Um den Entdeckerdrang Ihres Stubentigers zu steigern, können Sie einige Trockenfutterkroketten oder auch Katzenminzemäuse in Teppichfalten und Deckenhöhlen verstecken. Dies ist eine Spielidee, mit der sich Ihre Katze den Tag verkürzen kann, wenn Sie zur Arbeit sind.

KÄTZCHENSPIELWIESE

Kleine Katzen müssen spielen, um körperliche und geistige Fertigkeiten zu trainieren. Krabbeldecken sind nicht nur ideal für Kleinkinder, sondern auch für Kätzchen geeignet. Die Decke kann im Nu ausgebreitet werden und die Entdeckungsreise kann beginnen. Diese Krabbelauflagen sind kuschelig und haben verschiedene Applikationen zum Tasten aufgenäht. Während die einen Kätzchen Frosch, Raupe und Marienkäfer entdecken, werfen die anderen einen Blick in die spiegelähnlich schillernde Mitte der Decke. Und wer müde wird, kann gleich vor Ort ein Schläfchen halten.

EXPERTENTIPP Diese Krabbel- und Tastdecken sind sehr beliebt, animieren zum Spiel und zur Jagd und fördern die Entwicklung der Kätzchen.

FOLGE DER SPUR!

Speziell für Tiere, die tagsüber allein zu Hause sind, ist es von großer Bedeutung, den Tag so spannend wie möglich zu gestalten. Verstecken Sie doch einige Trockenfutterkroketten in der Wohnung, die Ihr Stubentiger aufstöbern kann. Sie können die „Häppchen" in Regalen, unter Kommoden, auf Sitzoberflächen oder Ähnlichem drapieren. Achten Sie darauf, dass Ihre Katze freien

Zugang hat und im Eifer des Gefechts keine Vasen oder Porzellanfiguren zu Bruch gehen können. Nach Ihrer Rückkehr verraten Ihnen die fehlenden Kroketten, wo sich Ihre Katze auf ihren Streifzügen durchs Revier aufgehalten hat.

HÖHENFLÜGE UND ABSTÜRZE

Bei Stürzen aus einer Höhe von weniger als zwei bis drei Meter fallen Katzen oftmals auf den Rücken, da die Zeit nicht für ein Wendemanöver ausreicht, und können sich Verletzungen zuziehen. Besonders schwerwiegend sind Abstürze aus sehr großen Höhen, wo die Beine die Wucht des Aufpralls nicht mehr abfangen können.

Info

KATZENBALANCE

Katzen haben einen exzellenten Gleichgewichtssinn und ein blitzschnelles Reaktionsvermögen, um in unerwarteten Situationen nicht die Balance zu verlieren. Der Stellreflex sorgt dafür, dass sich die Katze im freien Fall so dreht, dass sie auf allen vier Pfoten landet. Der Katzenschwanz wird dabei als Steuerruder eingesetzt. Im Innenohr der Katze befinden sich sehr sensible Sensoren, die jede Bewegung dreidimensional wahrnehmen und die Position des Kopfs im Raum melden.

[a]

[b]

[c]

[a] WASSERSCHEU Die meisten Samtpfoten machen sich nicht besonders viel aus Wasser.

[b] WAS SCHWIMMT DENN DA? Einen Ball aus einer Wasserschüssel zu angeln, ist jedoch für viele Katzen eine Herausforderung.

[c] PLAN ERSTELLEN Von allen Seiten wird das Gefäß untersucht, um die geeignete Jagdstrategie herauszufinden.

[d] NASSE PFOTEN Willow greift beherzt mit der Pfote und ausgefahrenen Krallen nach dem Softgummiball.

[e] WIE BEIM FISCHEN Mit einem gezielten Schlag wird der Ball aus dem Wasser geholt.

[d]

[e]

WASSERBALL

Für dieses Spiel benötigen Sie ein weites
Gefäß, zum Beispiel eine Schüssel, einen
Soft- und einen Hartgummiball. Füllen
Sie die Schüssel mit lauwarmem Wasser
und legen Sie den weichen und den har-
ten Ball hinein. Sie werden sehen, dass
jedes Tier die Lage begutachtet und nach
einiger Zeit eine Lösung findet, um an
die Bälle zu kommen. Die meisten werden
nach dem weichen Schaumgummiball
angeln, der auf der Wasseroberfläche
schwimmt, und ihn mit einem gezielten
Schlag ins Trockene befördern. Die Was-
serbegeisterten unter den Katzen scheuen
sich nicht, gleich mit der Pfote in die
Schüssel zu fassen und den Ball am Boden zu bergen. Wenige Tiere versuchen
es mit anderen Lösungsansätzen, indem
sie versuchen, die Schüssel leerzutrinken
und so an das Spielzeug zu kommen.

EXPERTENTIPP Wenn Sie durchsichtige
Gefäße verwenden, wird es schwieriger
für die Katze. Sie kann den Ball zwar
sehen, doch muss begreifen, dass man
nur von oben an den Ball gelangen kann.
Durch das Wasser kommt die Lichtbre-
chung hinzu, sodass alles etwas verzerrt
ist. Es kann also passieren, dass die Katze
danebengreift.

BRING MAL!

Ja, Sie haben richtig gelesen: Auch Katzen können apportieren, wenn sie Lust
und Laune dazu haben. Manche Stubentiger kommen allein auf die Idee und
bringen einen Ball oder ein Mäuschen

und legen es ihrem Menschen vor die
Füße. Wird das Spielzeug geworfen,
bringt die apportierfreudige Katze es
gleich zurück. Die meisten Tiere muss
man jedoch erst dazu animieren. Neh-
men Sie das Spielobjekt in die Hand,
zeigen Sie es Ihrer Katze und machen
Sie sie neugierig. Dann werfen Sie das
Mäuschen oder den Ball ungefähr ein bis
zwei Meter weit. Wenn die Katze das
Spielzeug bringen sollte, wird dieses Verhalten durch Lob und Leckerli bestärkt.
Sie können ihr ein anderes Spielzeug zum
Tausch anbieten. Fürs Apportieren gilt:
Übung macht den Meister. Wiederholen
Sie es jeden Tag, denn dadurch lernt Ihre
Katze, dass es sich lohnt, das Spielzeug
zu bringen. Hat Mieze jedoch keine Lust,
dürfen Sie nicht enttäuscht sein.

Checkliste

WIE CLEVER IST IHRE KATZE?

	JA	NEIN
Meine Katze zeigt, dass sie Lust zum Spielen hat, indem sie mich durch ihre Körpersprache auffordert oder mir ihr Lieblinsspielzeug bringt.	☐	☐
Meine Katze manipuliert mich oft, um ihre Wünsche und Forderungen durchzusetzen.	☐	☐
Meine Katze fordert mich zum Schmusen auf, wenn sie Lust hat.	☐	☐
Meine Katze ist selbstbewusst und neugierig.	☐	☐
Meine Katze weiß, meine Stimmungen und Launen zu deuten.	☐	☐
Meine Katze findet bei spielerischen Denkaufgaben das Leckerli sofort.	☐	☐
Meine Katze kann Probleme lösen und zum Beispiel Türen oder Schränke öffnen.	☐	☐
Meine Katze beobachtet mich oft bei meinen Tätigkeiten.	☐	☐

GUT FREUND Regelmäßige Spieleinheiten und Zuwendung stärken die Mensch-Tier-Beziehung.

AUSWERTUNG

Konnten Sie 7- bis 8-mal mit „ja" antworten: Herzlichen Glückwunsch! Sie haben eine Superkatze mit Köpfchen, die weiß, was sie will und wie sie ihren Wünschen Nachdruck verleihen kann.

3- bis 6-mal „ja": Ihre Katze ist schlau. Auf jeden Fall ist noch mehr Leistungsfähigkeit vorhanden oder Mieze hat aus irgendeinem Grund beschlossen, sich nicht zu sehr anzustrengen.

1- bis 2-mal „ja": Ihre Katze nutzt ihr Potenzial nicht aus. Vielleicht fühlt sie sich unterfordert? Lassen Sie sich von den Vorschlägen in diesem Buch inspirieren und spielen Sie täglich mit Ihrer Katze.

Spielerische
ERZIEHUNG

KATZEN HABEN IHREN EIGENEN KOPF
UND STEHEN OFT DAFÜR, ZU TUN UND ZU
LASSEN, WAS SIE WOLLEN. DENNOCH KANN
MAN SIE BIS ZU EINEM GEWISSEN MASS
ERZIEHEN. DURCH SPIELE KÖNNEN WIR
UNSEREN STUBENTIGERN AUCH UNARTEN
ABGEWÖHNEN UND IHREN TATENDRANG
IN GEORDNETE BAHNEN LENKEN.

BRAVE KATZE –
Stubentiger erziehen?!

Das Zusammenleben mit einer Katze, die gewisse Regeln gelernt hat, ist leichter und harmonischer. Es gibt Situationen, in denen Ihre Samtpfote auf ihren Namen hören sollte. Auch Tierarztbesuche sind stressfreier, wenn die Katze es gewohnt ist, in die Transportbox zu klettern. Katzen macht der Unterricht Spaß, solange Sie eine gewisse Toleranz mitbringen. Ganz so perfekt wie bei Hunden wird das Training nicht werden, dazu sind und bleiben Katzen zu eigenständig. Dennoch sind die vierbeinigen Diven anpassungsfähige Tiere, die bereit sind, gewisse Abkommen zu respektieren. Das bietet Ihnen eine Reihe an Möglichkeiten, mit Ihrer Katze Kompromisse zu schließen, wenn Sie den nötigen Anreiz geben. Üben Sie jedoch Nachsicht, wenn Ihre Mieze Ihr Signal ignoriert.

KATZENPÄDAGOGIK FÜR MENSCHEN

RESPEKT UND VERANTWORTUNG
Haben Sie Verständnis für Ihre Katze mit ihren einzigartigen Charaktereigenschaften und für die arttypischen Verhaltensweisen. Klettern, Erkunden, Beobachten, Verstecken, Jagen und Spielen sind Grundbedürfnisse, die Sie Ihrer Katze nicht verwehren dürfen.

AUS SICHT DES TIERES
Missverständnisse lassen sich vermeiden, wenn Sie das Ausdrucksverhalten von Katzen verstehen und sich in Ihr Tier hineinversetzen können.

REGELMÄSSIGKEIT
Rituale, wie feste Fütterungszeiten, tägliche Spiel- und Schmusestunden, geben Sicherheit und fördern die Mensch-Tier-Beziehung.

ERZIEHUNGSSTIL MIT KLAREN LINIEN
Was Sie heute verbieten, dürfen Sie morgen nicht erlauben. Nur einheitliche Signale oder Formulierungen führen zum Ziel. Wenn Sie „Nein" meinen, dann müssen Sie bei „Nein" bleiben. Signale, die sich ständig ändern, wie „Pfui", „Aus" oder „Böse Katze" etc., verwirren das Tier und verfehlen die gewünschte Wirkung.

TIMING
Ihre Reaktion muss sofort auf die Verhaltensweise der Katze folgen, denn nur so kann das Tier seine Handlung mit Ihrer Reaktion in Verbindung bringen. Möchten Sie richtiges Verhalten durch Lob oder ein Leckerli bekräftigen oder für eine Tat mit einem lauten „Nein" tadeln, muss dies innerhalb von ein bis zwei Se-

kunden nach der gezeigten Verhaltensweise geschehen. Sie müssen also ganz
schön auf Zack sein. Warten Sie einige
Sekunden länger, kann die Katze Lob
oder Ermahnung nicht mehr mit ihrer
Tat verknüpfen.

RICHTIG REAGIEREN

Bekräftigen Sie erwünschtes Verhalten
und bieten Sie Anreize: Für Frauchens
oder Herrchens Lob, ein aufregendes
Spiel oder einen Leckerbissen lohnt es
sich, brav zu sein.

LOHNT SICH'S? Wird der richtige Anreiz geboten, sind Katzen trotz ihrer Eigenständigkeit durchaus bereit, Kompromisse mit dem Menschen einzugehen und manche Regel zu akzeptieren.

KEIN ZWANG

Strafe in Form von Zwang beeinträchtigt die Mensch-Tier-Beziehung, denn das Tier reagiert mit Misstrauen und Rückzug auf den Menschen. Strafe ist keine ideale Lösung.

REALISTISCHE ZIELE

Auch bei der Erziehung gilt: „Kleine Schritte führen zum Ziel." Verlangen Sie keine Übungen, die Ihren Vierbeiner überfordern oder die er aufgrund seines Alters, seiner Verfassung etc. momentan nicht durchführen kann.

BEDINGUNGEN

Möchten Sie Ihrer Katze ein Kommando oder ein Kunststück beibringen, sollte dies in vertrauter Umgebung und in Ruhe geschehen. Einzelunterricht ohne Publikum garantiert Miezes volle Aufmerksamkeit. Die Übungseinheiten sollten nur dann stattfinden, wenn Ihre Katze aufmerksam bei der Sache ist, und niemals direkt nach der Fütterung.

KOMMUNIKATION

Die Verständigung zwischen Mensch und Tier ist eine wesentliche Voraussetzung für ein erfolgreiches Training. Katzen orientieren sich am Klang und Tonfall Ihrer Stimme. Es reicht eine leise bis normale Lautstärke, wenn Sie mit Ihrer Katze sprechen. Wenn Sie Ihre Katze anschreien, weil eine Übung nicht so klappt, schaltet sie auf stur oder bekommt Angst.

POSITIV VERKNÜPFT Die meisten Katzen haben gelernt, auf ihren Namen zu hören.

LIEBE KATZE! Für Frauchens Lob und ein Leckerli lohnt es sich, zu kommen und brav zu sein.

ERZIEHUNGS-BASICS

AUF DEN NAMEN HÖREN

Jede Katze benötigt einen eigenen Namen, der ihrer Einzigartigkeit gerecht wird. Sie sollte mit erhobenem Schwanz auf uns zulaufen und uns mit einem erwartungsvollen Blick ansehen, wenn sie gerufen wird. Katzennamen bestehen in der Regel aus ein- oder zweisilbigen Wörtern mit den Vokalen „a" oder „i", aber auch „o" oder „u". Scharfe Laute wie „sss" erinnern die Tiere an ein Fauchen und sie halten eher Abstand. Wie so oft macht auch hier der Ton die Musik. Katzen assoziieren mit einem Wort eine bestimmte Handlung. Wenn Sie das Tier beim Streicheln, Schmusen, Spielen und Füttern immer wieder mit dem Namen ansprechen, dann erfolgt eine positive Verknüpfung mit dem Wort. Ihre Hausgenossin wird meistens Ihrem Ruf Folge leisten, vorausgesetzt, sie hat nichts anderes im Sinn.

KOMMEN AUF RUF

Üben Sie, wenn Ihre Katze gute Laune hat und sich ein paar Leckerbissen erarbeiten möchte. Wählen Sie ein Hörzeichen aus, das Sie in Zukunft immer verwenden werden. Es kann „Hier", „Hierher" oder „Komm" sein. Halten Sie einen Leckerbissen in der Hand und rufen Sie Ihre Katze beim Namen. Läuft Ihnen Ihr Stubentiger entgegen, treten Sie einen Schritt zurück, rufen „Hier!" und geben ihm das Leckerli, sobald er bei Ihnen ist. Nach und nach können Sie den Abstand zwischen Ihnen und dem Tier vergrößern. Nach einigen Übungen wird die Katze auch aus einem anderen Raum zu Ihnen kommen, wenn Sie rufen, und sich über die Extrazuwendung freuen.

WAS KOMMT JETZT? Gespannt wartet Bibi auf den Beginn der Übung.

„SITZ!" Auch Katzen können sich auf ein Signal hin setzen, wenn ihnen danach ist.

EXPERTENTIPP Das Signal „Hier" sollten Sie anfangs nur geben, wenn Ihre Katze in der Nähe oder auf dem Weg zu Ihnen ist und Sie sich sicher sein können, dass sie Ihrem Ruf Folge leistet. Wird das Tier durch ein Geräusch oder etwas anderes abgelenkt, warten Sie so lange mit dem Signal, bis Ihre Katze Ihnen wieder volle Aufmerksamkeit schenkt. Um ihr Kommen sofort bekräftigen zu können, müssen Sie den Leckerbissen, den es als Belohnung gibt, bereits in der Hand halten. Klappt das Kommen auf Ruf über einen längeren Zeitraum, können Sie ab und zu auf den Leckerbissen verzichten und mit Worten loben.

„SITZ" FÜR KATZEN

Halten Sie einen Leckerbissen in der Hand und führen Sie die Hand über den Kopf der Katze nach hinten. Ihr Stubentiger wird sich setzen, um den Leckerbissen besser sehen zu können. In dem Moment, wenn das Tier korrekt sitzt, sagen Sie „Sitz" und geben ihm die Belohnung. Nach und nach verringern Sie die Futtergaben – in der Folge sind Worte als Lob ausreichend.

EXPERTENTIPP Während viele Katzen auf Ruf kommen, gehört „Sitz" zu den schwierigeren Übungen. Üben Sie sich in Geduld, wenn das Training nicht so reibungslos funktioniert, und verwenden Sie schmackhafte Leckerli als Anreiz. Ist Mieze mit Freude dabei, wird sie auch bald lernen, sich auf einen Fingerzeig hinzusetzen. Heben Sie zu jedem Hörzeichen „Sitz" den Zeigefinger als Sichtzeichen und verknüpfen Sie so die beiden Signale miteinander. Mieze wird lernen, sich auch auf einen Fingerzeig hinzusetzen, wenn es ihr Spaß macht.

SPIELTHERAPIE

Spielen bereitet nicht nur Vergnügen, es vertreibt aufkommende Langeweile, bedeutet Abenteuer, hält körperlich und geistig fit und verbessert die sozialen Beziehungen. Spielen ist gleichbedeutend mit Kommunikation, Sozialkontakt, Motivation, Lernen, Erziehung und Sport. Es bedeutet Lustgewinn und macht glücklich. Gespielt wird mit Hingabe, allein,

mit Artgenossen oder dem Lieblingsmenschen. Das regelmäßige Spiel zwischen Zwei- und Vierbeiner ist die Basis für eine harmonische Mensch-Tier-Beziehung! Mangelt es Katzen an spielerischen Aktivitäten, werden sie schnell zu unberechenbaren Alleinunterhaltern in den vier Wänden und veranstalten ein wildes Durcheinander. Auch die Zweitkatze ist nicht immer eine Garantie, dass die Tiere miteinander spielen: Auch zu zweit kann Langeweile und Frustration aufkommen. Oft sind die Katzen, die vom Menschen ausgesucht werden, zu verschieden, um ihr Leben gemeinsam zu verbringen.

MAUS DER EXTRAKLASSE mit beweglichen Beinen und langem Schwanz für besonderes Spielvergnügen.

VERHALTEN BEEINFLUSSEN

Als Katzenhalter muss man den unerwünschten Verhaltensweisen seiner Katze nicht hilflos gegenüberstehen. Es ist durchaus möglich, das Verhalten seines Stubentigers durch Spiel zu beeinflussen. Durch eine „Spieltherapie" können die Grundregeln des Zusammenlebens von Mensch und Tier, aber auch von Katze zu Katze zum Positiven verändert und die sozialen Beziehungen gefestigt werden. Erhalten Katzen keine Möglichkeit, ihren Jagdtrieb durch spielerische Aktivitäten auszuleben, kann es zu Verhaltensproblemen kommen. Eine Umgebung, die auf die Bedürfnisse der Katzen eingeht, und ein Spiel- und Beschäftigungsprogramm beugen vor.

„Spieltherapien" sollten vom Tierpsychologen individuell für das Tier erstellt werden. Wesen, Aktivitätsgrad, Gesundheitszustand, Alter und Lebensumfeld müssen dabei berücksichtigt werden. Jede Katze hat individuelle Spielvorlieben.

Bei nachfolgenden Verhaltensproblemen kann eine „Spieltherapie" positive Ergebnisse erzielen und das Zusammenleben zwischen Mensch und Tier verbessern.

SENKRECHTSTARTER Oft werden die Beine des Katzenhalters als Kletterbaum benutzt.

BEACHTE MICH! So gewinnt die Katze garantiert die Aufmerksamkeit des Menschen.

ATTACKEN AUS DEM HINTERHALT

Spielerische Attacken auf den Menschen werden sowohl von jungen als auch von erwachsenen Katzen durchgeführt. Besonders einzeln gehaltene Tiere, die tagsüber allein sind, oder Tiere, die nicht ausgelastet sind, zeigen diese Art der Aggression. Die Katze lauert hinter einem Möbelstück und wartet auf ihre Chance, sich auf die Beine des Menschen zu stürzen, wenn er an ihr vorübergeht. Wenn der Besitzer dann erschrickt, schreit oder gar ein Spielzeug zur Ablenkung wirft, wird die Katze für ihr Verhalten belohnt. Das ist die Art von Abwechslung, die diese Katzen suchen. Entweder schreien Sie im Moment des Angriffs ein lautes „Nein" und ignorieren Ihre Katze für zehn Minuten. Oder Sie versuchen, den Angriff auf ein Spielzeug umzuleiten, bevor die Attacke stattfindet. Werfen Sie die Spielmaus zu spät, haben Sie den Angriff Ihrer Katze belohnt.

Wichtig

LUSTLOS?

Die Lust am Spiel begleitet unsere Katzen ein Leben lang. Verweigert eine Katze über längere Zeit das Spiel, ist dies als Alarmsignal zu werten. Lassen Sie abklären, ob ein körperliches oder seelisches Problem vorliegt oder die Lebensumstände dafür verantwortlich sind.

HILFERUF Wenn Katzen Probleme machen, geschieht das nie ohne Grund. Während wir Schwierigkeiten im zwischenmenschlichen Bereich ansprechen können, zeigt die Katze das durch ihr Verhalten.

NÄCHTLICHE AKTIVITÄTEN

Die Katze wird in der Nacht aktiv, geistert durch die Wohnung und sorgt dafür, dass der Mensch kein Auge zumacht. Angriffe auf die Zehen unter der Bettdecke sind ein beliebter Zeitvertreib. Die meisten Katzenhalter versuchen, die spielerischen Attacken auf ihre Füße zu stoppen, indem sie die Katze mit Leckerbissen ablenken. Doch so lernt Mieze schnell, dass sie durch die Attacken in den Genuss von Leckerbissen kommt. Stellt der Mensch die Futtergaben ein, werden sich die Fußangriffe anfänglich verstärken. Nun müssen Sie Durchhaltevermögen beweisen und die nächtlichen Aktivitäten Ihrer Katze ignorieren, also kein Leckerli, kein Streicheln und auch kein Schimpfen! Nur wenn Verhaltensweisen keinen Erfolg zeigen, wird Mieze sie unterlassen. Abends spielen Sie ausgiebig mit ihr, so werden Sie beide nachts mehr Ruhe finden.

DESTRUKTIVE VERHALTENS-WEISEN

Vor allem junge Katzen haben viel Energie und wollen gefordert werden. Findet sich über eine gewisse Zeitspanne kein Spielpartner oder kein passendes Spielobjekt, an dem sie Dampf ablassen können, staut sich ihre Energie auf. Sie haben sicherlich auch schon einmal die „verrückten fünf Minuten" bei Ihrer Katze erlebt. Ganz plötzlich und ohne für den Menschen erkennbare Vorzeichen springt Mieze auf, sprintet ohne Rücksicht auf Verluste durch die Wohnung, über Sofalehnen und Regale. Nach wenigen Minuten ist der Spuk vorbei und Ihr Stubentiger sitzt wieder friedlich vor Ihnen. Andere Katzen gehen noch einen Schritt weiter und rennen buchstäblich die Wände hoch, schaukeln an Gardinen und benutzen ihren Menschen als Kletterbaum.

BEZIEHUNGSPROBLEME

Viele Katzen haben vor einem bestimmten Familienmitglied oder einem im selben Haushalt lebenden Artgenossen Angst. Mit spielerischen Aktivitäten können Beziehungen verbessert und eine soziale Annäherung erreicht werden. Sie dürfen nicht enttäuscht sein, wenn die Spielbemühungen anfangs nur beobachtet werden und nicht gleich in einem ausgelassenen Spiel gipfeln.

TRAUMATISCHE ERLEBNISSE

Psychischer Stress, verursacht durch einschneidende Veränderungen in der Umgebung der Katze oder im Zusammenleben mit ihrem Menschen, wie eine Scheidung oder ein Todesfall in der Familie, können die Katze stark belasten.

UNAUSGELASTETE KATZEN können ernste Streitigkeiten mit dem Kumpel anzetteln.

ÜBERGEWICHT

Oftmals spielen Verhaltensaspekte eine wesentliche Rolle bei übergewichtigen Katzen. Tiere, die keine Möglichkeit haben, das Jagdverhalten durch das Spiel im menschlichen Heim auszuleben, neigen dazu, Langeweile und Stress durch eine zusätzliche Futteraufnahme zu kompensieren. Mangelnde Zuwendung und eine gestörte Mensch-Tier-Beziehung sind ebenso für Übergewicht verantwortlich.

Checkliste

SIND SIE SCHON „SPIELMEISTER"?

1. **DAS SPIELEN MIT MEINER KATZE IST**

   a) ein gelegentlicher, netter Zeitvertreib. (0)

   b) das tägliche Highlight unserer
   Mensch-Tier-Beziehung. (5)

   c) ein Fixpunkt am Wochenende. (2)

2. **MIT MEINER KATZE SPIELE ICH
   VORZUGSWEISE**

   a) nach dem Fressen. (0)

   b) bei Dämmerung und in den Abendstunden. (5)

   c) wenn es sich ergibt. (2)

3. **MEIN STUBENTIGER HAT LUST AUF
   AUSGELASSENES SPIEL, WENN**

   a) er durch Mimik und Körpersprache
   seine Spiellaune angekündigt. (5)

   b) ich ihn mit einem Leckerbissen für
   das Spiel locke. (2)

   c) er es sich gerade auf der Couch
   gemütlich macht. (0)

4. **WENN MEINE KATZE PLÖTZLICH IN
   SPIELLAUNE IST,**

   a) wird meine Hand zum Jagdobjekt
   und ich lasse sie in die Finger beißen
   oder kratzen. (0)

   b) suche ich nach ungefährlichen
   Alltagsgegenständen, mit denen
   meine Katze allein spielen kann. (2)

   c) nutze ich die Gelegenheit und hole
   ihre Lieblingsspielsachen aus dem
   Regal. (5)

5. **ICH SPIELE MIT MEINER KATZE ...**

   a) Mehrmals täglich/ in Summe etwa
   eine Stunde. (5)

   b) 2 – 3 x / Woche. (2)

   c) Selten, da ich mehrere Katzen habe,
   die sich miteinander beschäftigen. (0)

6. **KATZENSPIELZEUG ...**

   a) ersetzt die tägliche Beschäftigung
   mit meiner Katze. (0)

   b) benötige ich kaum. Meine Katze
   verfügt über Freilauf. (2)

   c) ist wichtig und bietet Spielvergnügen
   für Mensch und Tier. (5)

7. SO MOTIVIERE ICH MIEZE ZUM SPIEL

a) mit raschelnden oder schnell bewegten Spielobjekten. (5)

b) durch ihr Lieblingsspielzeug. (2)

c) Meine Katze lässt sich nicht motivieren. (0)

8. DAS SPIEL MIT MEINER KATZE IST ZU ENDE, WENN

a) einer von uns keine Lust mehr hat. (2)

b) meine Katze das Spielobjekt erlegt hat. (5)

c) das Tier, die Spielbeute nicht erwischen konnte. (0)

9. DER KRATZ- UND KLETTERBAUM

a) steht auch als Aussichtsplatz an einem Fenster. (5)

b) befindet sich zentral im Wohnzimmer. (2)

c) ist Platz sparend und steht in einer stillen Ecke der Wohnung. (0)

10. WONACH SUCHEN SIE DAS IDEALE SPIEL FÜR IHRE KATZE AUS?

a) Nach Kondition, Gesundheitszustand und Spielvorlieben. (5)

b) Wir spielen eigentlich immer das gleiche Spiel. (0)

c) Ich kaufe die neuesten Trendspiele. (2)

AUSWERTUNG

ÜBER 31 PUNKTE

Ausgezeichnetes Testergebnis. Sie haben den Sinn des Spieles erkannt. Ihre Katze hat in Ihnen ihren „Spielmeister" gefunden.

16 – 30 PUNKTE

Sie sind fortgeschritten und machen bereits vieles richtig. Sie haben die passende Einstellung für gemeinsame Spielstunden mit Ihrer Katze, sollten sich aber dennoch von Vorschlägen inspirieren lassen.

15 PUNKTE UND DARUNTER

So richtig klappt es noch nicht mit dem Spielen. Möglicherweise drückt Ihre Katze ihre Unzufriedenheit bereits durch Beziehungskrisen und unerwünschte Verhaltensweisen aus. Machen Sie sich klar, dass regelmäßiges Spielen notwendig ist.

117

SERVICE
Nützliches zum Schluss

ZUM WEITERLESEN

Bailey, Gwen: **Was denkt meine Katze?** Kosmos 2005

Bohnenkamp, Gwen und Renate Jones: **Was Katzen wirklich brauchen.** Kosmos 2005

Ferderer, Gabi und Martino Rivas: **Spiele für Katzen.** Kosmos 2009

Grimm, Hannelore: **Kätzchen.** Kosmos 2007

Grimm, Hannelore: **Wohnungskatzen.** Kosmos 2008

Halls, Vicky: **Die Katzenflüsterin.** Kosmos 2007

Jones, Renate (Hrsg.): **Kosmos Handbuch Katzen.** Kosmos 2010

Lauer, Isabella: **Meine Katze.** Kosmos 2008

Lauer, Isabella. **Zwei Katzen, doppeltes Glück.** Kosmos 2004

Leyhausen, Paul: **Katzenseele.** Kosmos 2005

Metz, Gabriele: **Katzenrassen.** Kosmos 2006

Rauth-Widmann, Brigitte: **Katzensprache.** Kosmos 2009

Seidl, Denise: **Mit Katzen leben.** Kosmos 2007

Seidl, Denise: **Wenn meine Katze Probleme macht.** Kosmos 2008

Theby, Viviane: **Clickern mit meiner Katze.** Kosmos 2009

Turner, Dennis C.: **Turners Katzenbuch.** Kosmos 2010

Wright, John C.: **Katzen auf der Couch.** Kosmos 2009

NÜTZLICHE LINKS

www.trixie.de
Hier finden Sie schönes Katzenspielzeug, tolle Kratzmöbel, bequeme Liegekissen und alles, was das Katzenherz begehrt.

Unter **www.giftpflanzen.ch** finden Sie vom Institut für Veterinärpharmakologie und -toxikologie in Zürich eine umfangreiche Datenbank betreffend Giftpflanzen.

Cat Dancer® und Fe unter **www.pfotenshop.com**

REGISTER

DANKSAGUNG

Aufrichtigen Dank an alle Zwei- und Vierbeiner, die mich bei der Entstehung dieses Buches unterstützt haben: Familie Thomas Kren mit ihren Samtpfoten Nicky und Lisa, Familie Lausecker und ihre Katzenbande, Christine und Dominik Rappaport und ihre 16 Pfoten, Carmen Windhaber mit Willow und Paola, Sarah Nettel mit Bibi und Benco sowie Renate

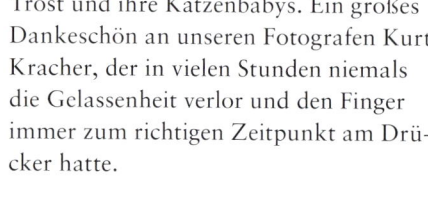

Trost und ihre Katzenbabys. Ein großes Dankeschön an unseren Fotografen Kurt Kracher, der in vielen Stunden niemals die Gelassenheit verlor und den Finger immer zum richtigen Zeitpunkt am Drücker hatte.

Meinem geliebten Partner Wolfgang danke ich für seinen Beistand, seinen Optimismus, seine Inspiration und vieles mehr. Eine liebevolle Danksagung auch an meine Mutter für ihre Unterstützung. Ein schnurriges Dankeschön für meine 17jährige Katzendame Coco, die mich beim Schreiben aller meiner Bücher begleitet hat. Ein dankbarer Pfotendruck unserer getupften Mischlingshündin Snowy für ihre Geduld, wenn der Spaziergang wegen eines Buchkapitels einmal etwas kürzer ausgefallen ist.

Meiner Lektorin, Frau Alice Rieger, sei an dieser Stelle ebenso für ihre hervorragende Arbeit und ihre Geduld während der Entstehungsgeschichte dieses Buches Anerkennung ausgesprochen.

Die Autorin und der Verlag danken der Firma Trixie ganz herzlich für die großzügige Ausstattung der Fotoproduktion mit Zubehör. Alle gezeigten Artikel sind über die Firma Trixie erhältlich.

AUTORENPORTRÄT

DENISE SEIDL ist Expertin für Katzenverhalten und als Dozentin für angewandte Ethologie bei Instituten und Verbänden gefragt. Zudem berät sie Tiernahrungsmittelhersteller bei allen Fragen rund um Haltung und Verhalten von Hund und Katze und gibt Tierhaltern bei unerwünschtem Verhalten und Verhaltensproblemen Hilfestellung.

Dabei liegt ihr Spielen und Spieltherapie ganz besonders am Herzen.
Wenn sie nicht im Fernsehen auftritt, Fachartikel für Zeitschriften schreibt oder Vorträge hält, verbringt sie ihre Freizeit am liebsten mit ihrem Partner, ihrem Hund und ihrer Katze.

www.tierpsychologie.at

Samtpfoten.

Katzen besser verstehen.

Denise Seidl

Mit Katzen
leben

*Richtig pflegen,
füttern und beschäftigen*

KOSMOS

Denise Seidl | **Mit Katzen leben**

128 Seiten, 142 Abb., €/D 12,95
ISBN 978-3-440-10831-4

Das Rundum-Wohlfühl-Buch

Katzen haben viele Seiten: Sie wollen spielen, jagen, streunen
und genießen. Um dem gerecht zu werden, finden Sie in diesem
Buch alles, was Katzen glücklich macht: Fütterungstipps und
Pflegehinweise, tolle Spielideen, Wohlfühlparadiese und Katzen-
Agility. Mit Profitipps von Tierpsychologin Denise Seidl – für
eine tiefe Freundschaft zwischen Ihnen und Ihrer Samtpfote.

www.kosmos.de

Preisänderung vorbehalten

BILDNACHWEIS

165 Farbfotos wurden von Kurt Kracher/Kosmos für dieses Buch aufgenommen.
Weitere Farbfotos von Tatjana Drewka (4; U2, S. 8, 9, 40–41), Juniors Bildarchiv
(1; S. 66), Gabriele Metz/Kosmos (3; S. 42, 43 beide) und Sabine Rath (12; S. 6,
7 beide, 39 oben links, oben rechts, Mitte, 52–53, 70, 71, 74, 75, 87)

IMPRESSUM

Umschlaggestaltung von GRAMISCI Editorialdesign unter Verwendung
von zwei Farbfotos von Kurt Kracher/Kosmos

Mit 201 Farbfotos.

Unser gesamtes lieferbares Programm und viele
weitere Informationen zu unseren Büchern,
Spielen, Experimentierkästen, DVDs, Autoren und
Aktivitäten finden Sie unter **www.kosmos.de**

FSC
Mix
Produktgruppe aus vorbildlich
bewirtschafteten Wäldern,
kontrollierten Herkünften und
Recyclingholz oder -fasern
Zert.-Nr. SGS-COC-003210
www.fsc.org
© 1996 Forest Stewardship Council

Gedruckt auf chlorfrei gebleichtem Papier

ISBN 978-3-440-11984-6
Redaktion: Alice Rieger
Gestaltungskonzept: GRAMISCI Editorialdesign, München
Gestaltung und Satz: Atelier Krohmer, Dettingen/Erms
Produktion: Eva Schmidt
Printed in Germany / Imprimé en Allemagne